U0236361

秒懂 摄影测光、曝光、用光及实拍技法

雷波◎编著

化学工业出版社
·北京·

内 容 简 介

测光、曝光与用光是学习摄影的必经之路。前两个关乎能否拍出亮度正确的画面，后一个则关乎能否拍出预期的光影效果。

很多摄影爱好者认为摄影用光很难，觉得光线看不到、摸不着，还没学，就打了退堂鼓。所以本书的目的在于让每一位零基础的摄影爱好者都能掌握摄影用光。而在学习用光之前，测光与曝光是必修的功课，因为无论光影细节多么唯美的场景，如果测光与曝光不正确，依然拍不出一张好照片。

因此，为了帮助初学者更好地掌握这些技巧，本书将分为四个部分进行讲解：测光基础知识、曝光基础知识、用光基础知识及题材应用技巧。

希望通过本书的讲解，读者将能够更好地理解测光、曝光和用光的概念和技巧，从而在拍摄中更加得心应手。无论是初学者还是有一定基础的摄影爱好者，都可以从本书中获得有益的启示和指导。

图书在版编目（CIP）数据

秒懂摄影测光、曝光、用光及实拍技法 / 雷波编著 .
北京 ： 化学工业出版社，2025. 2. -- ISBN 978-7-122
-46850-5

Ⅰ . TB811

中国国家版本馆 CIP 数据核字第 20249J3K42 号

责任编辑：王婷婷　孙　炜　　　　　　　　封面设计：昇一设计
责任校对：李露洁　　　　　　　　　　　　装帧设计：盟诺文化

出版发行：化学工业出版社（北京市东城区青年湖南街 13 号　邮政编码 100011）
印　　装：北京盛通印刷股份有限公司
710mm×1000mm 1/16　印张 10　字数 196 千字　2025 年 2 月北京第 1 版第 1 次印刷

购书咨询：010-64518888　　　　　　　　售后服务：010-64518899
网　　址：http://www.cip.com.cn
凡购买本书，如有缺损质量问题，本社销售中心负责调换。

定　　价：59.00 元　　　　　　　　　　　　　　版权所有　违者必究

前 言
PREFACE

测光、曝光与用光在摄影中无处不在，当我们每次半按快门测光、按下快门时确定合适的画面亮度，这就是在控制曝光。而一提到用光，很多读者都会面露难色，认为"用光"这门功课太过深奥，故而心生畏惧，不敢去尝试理解、运用光线。

用光是摄影中非常重要的技巧之一，它不仅可以帮助我们拍摄出亮度正确的照片，还可以创造出各种独特的光影效果。然而，对于很多初学者来说，用光似乎是一门深奥的学问，让人感到无从下手，实际上，用光并没有想象中那么难。在摄影中，我们可以通过控制画面的曝光来表现光线的特点，而曝光控制其实就是控制画面亮度的过程。通过调整光圈、快门速度和感光度等参数，我们可以得到不同明暗分布的画面。

为了帮助读者掌握摄影测光、曝光与用光技巧，本书分为四个部分进行讲解。首先是在"测光基础知识"部分，讲解了什么是测光，测光原理、测光方法、测光模式以及相关的菜单设置，这些知识将帮助读者了解测光对曝光的影响。

第二部分是"曝光基础知识"部分，向读者介绍了控制曝光的三要素，曝光补偿、曝光锁定、自动包围曝光、曝光模式等，还讲解了与曝光相关的菜单功能，如动态范围、HDR、多重曝光等，经过此部分的学习，您将具备一定的摄影曝光基础。

第三部分是"用光基础知识"，这部分向各位读者讲解了不同方向、不同时间、不同天气情况下光线的特点，以及如何用光线塑造立体感、营造画面气氛、表现质感等进阶用光知识，经过此部分的学习，您将明白何为用光，并学会如何利用不同的光线拍摄出不同效果的照片。

最后是"测光、曝光与用光技巧实战"部分，从风光、人像、建筑等常拍题材中精炼出关键技法。这些技法将涵盖各种拍摄场景和情境，帮助读者掌握在不同情况下如何运用测光、曝光和用光技巧，以达到预期的光影效果。

通过本书的讲解，读者将能够更好地理解测光、曝光和用光的概念和技巧，从而在拍摄中更加得心应手。无论是初学者还是有一定基础的摄影爱好者，都可以从本书中获得有益的启示和指导。

为了方便交流与沟通，欢迎读者朋友添加我们的客服微信 hjysy1635，与我们在线交流，也可以加入摄影交流 QQ 群（327220740），与众多喜爱摄影的小伙伴交流。

如果希望每日接收新鲜、实用的摄影技巧，可以关注我们的微信公众号"好机友摄影视频拍摄与 AIGC"；或在今日头条搜索"好机友摄影""北极光摄影"，在百度 APP 中搜索"好机友摄影课堂""北极光摄影"，关注我们的头条号、百家号；在抖音搜索"好机友摄影""北极光摄影"，关注我们的抖音号。

编著者

目 录
CONTENTS

第 3 章 光线的基本属性

第 4 章 光线的艺术表现

第 5 章 风光题材实拍技巧

第 6 章　人像题材实拍技巧

第 7 章　建筑与夜景题材实拍技巧

第1章

正确的测光是拍摄成功条件之一

什么是测光

　　测光是指测定被拍摄对象反射回来的光亮度，也就是反射性测光，是计算合适曝光的过程。现在的数码相机基本上都是自动测光，半按相机的快门按钮，相机便会自动测光，测光后得出的参数就是决定画面的曝光参数，在大多数情况下都能得到曝光合适的照片，根据所选测光模式的不同，相机可以针对全画面、中间区域或某一个区域进行测光，从而得到不同曝光氛围的照片。

为什么要测光

　　测光是相机对光线的评估，测光后得到的曝光结果可以左右照片的情绪和风格。比如想要画面具有明亮的效果，就针对画面的暗部测光；而想要画面具有沉稳的效果，就可以针对画面的亮部测光。

↑ 针对云层测光，将阳光从云层中间照射出来的场景表现得很好（焦距：100mm ┊ 光圈：F8 ┊ 快门速度：1/500s ┊ 感光度：ISO100）

相机是如何测光的

要正确选择测光模式，必须先了解数码相机测光的原理——18%中性灰测光原理。

数码相机的测光数值是由场景中物体的平均反光率确定的，除了反光率比较高的场景（如雪景、云景）及反光率比较低的场景（如煤矿、夜景）外，其他大部分场景的平均反光率为18%，而这一数值正是中性灰色的反光率。

因此，当拍摄场景的反光率平均值恰好是18%时，可以得到光影丰富、明暗正确的照片；反之则需要人为地调整曝光补偿来弥补相机的测光失误。通常在拍摄较暗的场景（如日落）及较亮的场景（如雪景）时会出现这种情况。如果要验证这一点，可以采取下面所讲述的方法。

对着一张白纸测光，然后按相机自动测光所给出的光圈与快门速度组合直接拍摄，会发现得到的照片中的白纸看上去更像是灰纸，这是由于照片欠曝造成的。因此，在拍摄反光率大于18%的场景，如雪景、雾景、云景或有较大面积白色物体的场景时，需要增加曝光量，即做正向曝光补偿。

而对着一张黑纸测光，然后按相机自动测光所给出的光圈与快门速度组合直接拍摄，会发现得到的照片中的黑纸好像是一张灰纸，这是由于照片过曝造成的。因此，如果拍摄场景的反光率低于18%，则需要减少曝光量，即做负向曝光补偿。

了解18%中性灰测光原理有助于摄影师在拍摄时更灵活地测光，通常水泥墙壁、灰色的水泥地面、人的手背等物体的反光率都接近18%，因此在拍摄光线复杂的场景时，可以在环境中寻找反光率为18%左右的物体进行测光，这样可以保证拍出的照片曝光基本上是正确的。

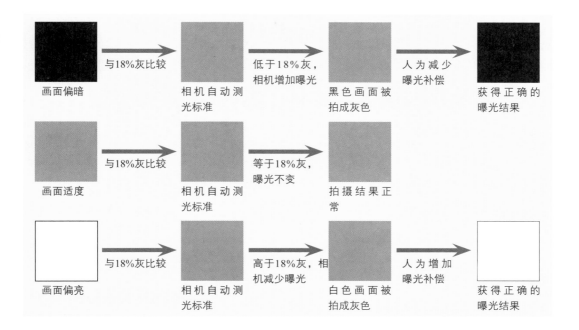

了解测光表及测光原理

测光表的介绍

相机内部的测光系统虽然精度随着科技的进步在不断提升，但仍无法与手持测光表的精度相比。

手持测光表是一种测量光的强度的仪器，在摄影中，测光表被用来确定适当的曝光时间，不仅可以测量被摄物体的反射光强度，还可以测量光源的发光强度。在摄影过程中，测光表可以通过各种已知条件和根据瞬间变化的客观条件准确地提供被摄物体的照度或者亮度，为摄影者提供拍摄时所使用的光圈和快门的组合参数。

↑ 世光 L-308X 测光表

入射式测光

现在的测光表大多具备测量入射光和反射光两种功能，入射式测光表尤其受到人文摄影师的喜爱，在复杂多变的拍摄环境下，使用入射式测光表可以有效确定拍摄环境的曝光值。

入射式测光表可以测量入射光线，从而得到一个准确的曝光值（EV 值），有时相机内的反射式测光所测得的结果并非是准确的，因此要采用入射式测光表测量环境的曝光值作为基准，然后在这个基准上，再进行更为适合主观意图的曝光。

使用入射式测光的好处在于，在一个固定光线的拍摄环境下，使用测光表对入射光线进行测量来确定光环境的曝光值，再根据自己的需要来快速判断，并进行拍摄，摄影师就能很快地得到一张曝光适合的照片。

入射式测光会假定这个光线环境下，所有物体的反射率都是 18% 的灰，通过测光表测量入射光的 EV 值，就是假定当物体为反射率为 18% 的灰色时，准确的光线亮度。

但是，并不是所有的物体都是 18% 的灰，所以测得的曝光值是拍摄时的曝光基准，然后根据被摄物体进行适当的曝光补偿。比如被摄物体是一个小于反射率为 18% 灰的深色物体，那么在拍摄时要增加一些曝光，来表现暗部细节从而不欠曝。反之，如果被摄物体是一个大于反射率为 18% 灰的浅色物体，那么在拍摄时要减一些曝光，来表现亮部细节从而不过曝。

明白了入射式测光的原理，那么在室外拍摄时将变得轻松很多，即使天气不断变化，光线有所改变，摄影师只需要重新进行测量，然后再根据光线重新选择适合的曝光即可，而不用浪费时间去试着调出一个合适的曝光参数。

在商业摄影棚中使用闪光灯进行拍摄时，摄影师更依赖测光表对入射光线进行测量。通常在按下快门之前，闪光灯只会亮起一盏造型灯供摄影师查看光线的分布情况，当摄影师按下快门的同时开启闪光灯，光线的分布和造型灯是一样的，但光线的强度则因闪光灯的远近以及输出功率的大小等产生不同，当闪光灯光线与摄影师想要的光线强弱不同时，就需要在被摄物体不同的部位用测光表进行入射光的测量，然后开启闪光灯测不同部位的曝光值，通过曝光值来了解亮部和暗部之间有多少级曝光的差别，然后调节闪光灯的输出功率控制整体的反差，再根据被摄物体及摄影师的需要，来选择适合的曝光拍摄。

↑ 在室内拍摄美食时，正确测光使美食照片诱人食欲（焦距：50mm┊光圈：F6.3┊快门速度：1/200s┊感光度：ISO100）

➡ 在室内拍摄人像时，针对皮肤测光，得到皮肤白皙的效果（焦距：60mm ┊光圈：F5┊快门速度：1/450s┊感光度：ISO200）

反射式测光

反射式测光是测量被摄物体的反射光线，也就是进入镜头并被感光元件所收纳的光线，相机内部的测光系统也是反射式测光。

而测光表的原理是，无论所拍景物是明是暗，经过测光表测量后，都能保证拍摄者得到一个等明度的画面，这个相等的明度也就是反射率为 18% 的灰色，叫作中性灰。

18% 的中性灰标准能保证，在大多数的情况下得到一个曝光合适的画面。但在纯黑或者纯白的场景下，就无法得到较好的还原。比如拍摄一片雪地，如果按照反射式测光测得的曝光值进行拍摄，那么雪地会呈现出反射率为 18% 灰色的状态，但实际上雪地的反射率要大于 18%，因此相机拍摄到的雪地比真实看到的要暗很多。再比如拍摄一件黑色的物体，如果按照反射式测光测得的曝光值进行拍摄，那么黑色的物体也会呈现出反射率为 18% 的灰色时的状态，但实际上，黑色物体的反射率要小于 18%，因此相机拍摄到的黑色物体呈现灰色，也不是人眼所看到的黑色的感觉。所以在实际拍摄中，需要在反射式测光的标准上，根据真实的视觉感受进行曝光补偿。

◤ 在拍摄明亮度比较高的白雪时，通常要在自动测光的基础上增加曝光补偿（焦距：20mm ┊ 光圈：F14 ┊ 快门速度：1/160s ┊ 感光度：ISO500）

◤ 针对灯罩进行测光，并适当减少曝光补偿，得到黑背景效果的照片（焦距：5mm ┊ 光圈：F5 ┊ 快门速度：1/320s ┊ 感光度：ISO200）

手持测光表测量反射光的 3 种方法

很多拍摄者觉得相机内的测光系统，没有测光表测到的曝光值"准确"，这里的"准确"是指更接近于人眼的观看视觉，即还原得更为真实。

原因是相机和手持测光表之间有一定的误差，相机是通过镜头得到反射光线，再进行测光，镜头的镜片以及滤镜，都会影响测光值，而手持测光表则没有这些影响因素，所以还原画面更为真实。

通过手持测光表测量反射光得到测量的曝光值，通常有机位测光、灰板测光和代替测光 3 种方法。

机位测光

机位测光是最普遍的测光方法，其测量原理与相机的评价测光类似，即对所拍摄画面的最亮部分和最暗部分分别进行测光，并取其平均值进行拍摄。

这种测光方法在反差不大、明暗比较均匀的拍摄场景下，能轻松得到合适的曝光值。但如果被摄物所处的环境光比很大，并且在画面所占比例很小，这时就需要权衡是需要表现更多的环境细节，还是更好地表现被摄主体。

总之，机位测光是一种方便、快捷的测光方法，但在一些特殊情况下，拍摄者需要根据实际情况进行权衡和选择，以得到更好的拍摄效果。

↑ 针对画面机位测光，得到画面亮度均匀的曝光效果（焦距：105mm ┊ 光圈：F5.6 ┊ 快门速度：1/500s ┊ 感光度：ISO250）

灰板测光

灰板测光就是将一张灰板放入拍摄环境中，然后对灰板上的反射光进行测光，从而得到反射率为18%灰色的标准曝光值，类似于入射式测光的原理。

选择放置灰板的位置很重要，需要寻找整个环境中的中灰影调处放置灰板，使它受光均匀，从而测量到准确的曝光值。但是灰板不是每个人都有或者会随身携带的，并且在需要抓拍时，没有多余时间去拿出一块灰板放置到合适的位置，然后进行测光的，在这种情况下，要找一个大致可以代替灰板的工具，对于黄种人来说，在受光比较均匀的情况下，皮肤的反射率接近于18%的灰色，可以使手背的受光和被摄主体保持一致，然后对手背测光，起到临时替代灰板的作用。

↑ 18% 灰板

代替测光

当被摄主体远离相机并且无法靠近进行反射式测光时，这时就要选择一些可以替代主体，并且方便测光的物体进行测光。比如寻找靠近相机的物体，但要保证受光方向和受光量与被摄主体基本一致，同时不要使背景影响测光的数据，否则也会影响被摄主体的曝光。

使用手持测光表进行反射式测光时，必须注意有效测距问题，有的可以接近被摄物体测光，但有些则需要限定在一定距离范围之外才能有效。

↑ 山体离相机较远，可以选择代替测光的方式（焦距：20mm ┊ 光圈：F11 ┊ 快门速度：1/50s ┊ 感光度：ISO100）

针对不同场景选择不同测光模式

当一批摄影爱好者结伴外拍时，发现在拍摄同一个场景时，有些人拍摄出来的画面曝光不一样，产生这种情况的原因就在于，他们可能使用了不同的测光模式，不管是单反相机还是微单相机，基本上提供了 3 种测光模式，分别适用于不同的拍摄环境，根据相机品牌和型号的不同，名称和测光模式数量略有不同，可以参见右表。佳能、尼康和索尼相机设置测光模式的操作方法如下。

佳能相机	尼康相机	索尼相机
评价测光 ▣	矩阵测光 ▣	多重测光 ▦
中央重点平均测光 ▢	中央重点测光 ▣	中心测光 ▣
点测光 ▣	点测光 ▣	点测光 ▣
/	亮部重点测光 ▣*	强光测光 ▣
/	/	整个屏幕平均测光 ▣
局部测光 ▣	/	/

佳能 R6 相机测光模式设置方法：按⊡按钮显示速控屏幕，转动速控转盘 1 ⊙选择测光模式选项，然后转动速控转盘 2 ⌒或主拨盘 ⌒选择所需的测光模式选项。也可以在速控屏幕上点击选择

尼康 Z8 相机测光模式设置方法：在照片拍摄菜单中，点击"测光"选项，然后点击选择所需的测光模式

索尼 α7S Ⅲ相机测光模式设置方法：在"曝光 / 颜色"菜单的第 3 页"测光"中，点击选择"测光模式"选项，点击选择所需要的测光模式，然后点击 ▣图标确定

评价测光模式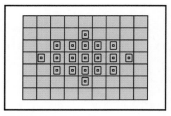

　　摄影爱好者如果是在光线均匀的环境中拍摄大场景的风光照片，如草原、山景、水景、城市建筑等题材，都应该首选评价测光模式，因为大场景风光照片通常需要考虑整体的光照，这恰好是评价测光的特色。

　　在该模式下，相机会将画面分为多个区域进行平均测光，此模式最适合拍摄日常及风光题材的照片。

　　当然，如果要拍摄雪、雾、云、夜景等这类反光率较高的场景，还需要配合使用曝光补偿技巧。

↑ 评价测光模式示意图

↑　色彩柔和、反差较小的风光照片，常用评价测光模式（焦距：17mm ┆光圈：F18 ┆快门速度：2s ┆感光度：ISO50）

中央重点平均测光模式 〔〕

在拍摄环境人像时，如果还是使用评价测光模式，会发现虽然环境曝光合适，人物的肤色有时候却存在偏亮或偏暗的情况。这种情况下，其实最适合使用中央重点平均测光模式。

中央重点平均测光模式适合拍摄主体位于画面中央主要位置的场景，如人像、建筑物、背景较亮的逆光对象，以及其他位于画面中央的对象，这是因为该模式既能实现画面中央区域的精准曝光，又能保留部分背景的细节。

在中央重点平均测光模式下，测光会偏向取景器的中央部位，但也会同时兼顾其他部分的亮度。根据佳能公司提供的测光模式示意图，越靠近取景器的中心位置灰色越深，表示这样的区域在测光时所占的权重越大；而越靠边缘的图像，在测光时所占的权重就越小。

例如，当佳能相机在测光后认为，画面中央位置的对象正确曝光组合是 F8、1/320s，而其他区域正确曝光组合是 F4、1/200s，由于中央位置对象的测光权重较大，最终相机确定的曝光组合可能会是 F5.6、1/320s，以优先照顾中央位置对象的曝光。

↑ 中央重点平均测光模式示意图

↑ 人物在画面的中间的拍摄，最适合使用中央重点测光模式（焦距：85mm ┊ 光圈：F2 ┊ 快门速度：1/1000s ┊ 感光度：ISO100）

点测光模式 [•]

不管是夕阳下的景物呈现为剪影的画面效果，还是皮肤白皙背景曝光过度的高调人像，都可以利用点测光模式来实现。

点测光是一种高级测光模式，由于相机只对画面中央区域的很小部分（即光学取景器中央对焦点周围 1.5%~4.0% 的小区域）进行测光，因此，具有相当高的准确性。

由于点测光是依据很小的测光点来计算曝光量的，因此，测光点位置的选择将会在很大程度上影响画面的曝光效果，尤其是逆光拍摄或画面明暗反差较大时。

如果对准亮部测光，可得到亮部曝光合适、

暗部细节有所损失的画面；如果对准暗部测光，则可得到暗部曝光合适、亮部细节有所损失的画面。所以，拍摄时可根据自己的拍摄意图来选择不同的测光点，以得到曝光合适的画面。

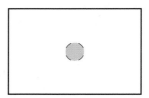

↑ 点测光模式示意图

↑ 使用点测光模式针对天空进行测光，得到夕阳氛围强烈的照片（焦距：70mm ┊ 光圈：F7.1 ┊ 快门速度：1/2000s ┊ 感光度：ISO200）

局部测光模式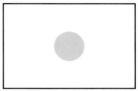

相信摄影爱好者都见到过暗背景、明亮主体的画面，要想获得此类效果，一般可以使用局部测光模式。局部测光模式是佳能相机独有的测光模式，在该测光模式下，相机将只测量取景器中央 6.2%~10% 的范围。在逆光或局部光照下，如果画面背景与主体明暗反差较大（光比较大），使用这一测光模式拍摄能够获得准确的曝光。

从测光数据来看，局部测光可以认为是中央重点平均测光与点测光之间的一种测光形式，测光面积也在两者之间。

以逆光拍摄人像为例，如果使用点测光对准人物面部的明亮处测光，拍出照片中人物面部的较暗处就会明显欠曝；反之，使用点测光对准人物面部的暗处测光，则拍出照片中人物面部的较亮处就会明显过曝。

如果使用中央重点平均测光模式来测光，由于其测光的面积较大，而背景又较亮，因此，拍出的照片中人物的面部就会欠曝。而使用局部测光模式对准人像面部任意一处测光，能够得到很好的曝光效果。

↑ 局部测光模式示意图

↑ 因画面中光线反差较大，因而使用了局部测光模式对荷花进行测光，得到了荷花曝光正常的画面（焦距：200mm ┊ 光圈：F4 ┊ 快门速度：1/1600s ┊ 感光度：ISO200）

强光测光模式

在强光测光模式下，相机将针对亮部重点测光，优先保证被摄对象的亮部曝光正确，在拍摄舞台上聚光灯下的演员、直射光线下浅色的对象时，使用此模式能够获得很好的曝光效果。

需要注意的是，如果画面中拍摄主体不是最亮的区域，则被摄主体的曝光可能会偏暗。

↑ 在拍摄T台走秀的照片时，使用强光测光模式可以保证明亮的部分有丰富的细节（焦距：28mm┊光圈：F3.5┊快门速度：1/125┊感光度：ISO500）

整个屏幕平均测光模式

如果使用索尼相机，在整个屏幕平均测光模式下，相机将测量整个画面的平均亮度，与多重测光模式相比，此模式的优点是能够在进行二次构图或被摄对象的位置产生变化时，依旧保持画面整体的曝光不变。即使是在光线较为复杂的环境中拍摄时，使用此模式也能够使照片的曝光更加协调。

↑ 使用整个屏幕平均测光模式拍摄风光时，在小幅度改变构图的情况下，曝光可以保持在一个稳定的状态（焦距：18mm┊光圈：F8┊快门速度：1/125s┊感光度：ISO100）

与测光相关的菜单设置

点测光模式下测光区域与对焦点联动

在摄影中，测光是决定画面明暗的关键步骤。点测光是一种对画面中的特定部分进行测光的功能，在索尼和尼康相机中，在点测光模式下，测光区域会与对焦区域联动，意味着当对焦区域在画面中央时，测光也会在画面中央进行；而当对焦区域向左移动时，测光也会随之移动到左侧。

然而，许多机型的测光区域是固定的，比如佳能相机的大部分机型，通常固定在画面的中央部分，并不会与对焦点联动。不同的相机，点测光的方式和联动性都有所不同，因此，在实践之前最好先了解你的相机在这一点上的表现。

如果在使用测光点固定在中央的相机拍摄时，可以灵活运用AE曝光锁定功能，这样也可以实现自由改变构图。

另外需要注意的是，许多相机在MF手动对焦模式下，点测光会从画面中央开始。因此，如果在MF模式下拍摄，需要手动调整测光位置时，应确保测光点位于你想要曝光的物体上。

尼康相机点测光点与对焦点是联动的，无须通过菜单设置。而使用索尼相机时，在点测光模式下，如果将对焦区域模式设置为"自由点""扩展自由点""跟踪：自由点"或"跟踪：扩展自由点"模式，通过"点测光点"菜单可以设置测光区域是否与对焦点联动。

» 中间：选择此选项，则只对画面的中央区域测光来获得曝光参数，而不会对对焦点所在的区域进行测光。

» 对焦点联动：选择此选项，那么所选择的对焦点即为测光点，测量其所在的区域的曝光参数。此选项在拍摄测光点与对焦点处于相同位置的画面时比较方便，可以省去曝光锁定的操作。

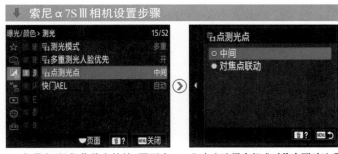

① 在**曝光/颜色菜单**中的第3页**测光**中，点击选择**点测光点**选项　　**②** 点击选择**中间**或**对焦点联动**选项

提示：当索尼相机使用"自由点""扩展自由点""跟踪：自由点""跟踪：扩展自由点"以外的对焦区域模式时，测光区域固定为画面中央；当使用"跟踪：自由点"或"跟踪：扩展自由点"对焦区域模式时，如果选择了"对焦点联动"选项，测光区域与锁定AF的开始对焦点联动，则不会与被摄体的跟踪对焦点联动。

设置使用多重/矩阵测光时人脸优先

在使用索尼或尼康相机的多重/矩阵测光模式拍摄人像题材时，可以通过"多重测光人脸优先"/"矩阵测光脸部侦测"菜单，设置是否启用脸部优先功能，佳能相机暂时没有提供此功能。

如果选择"开"选项，那么在拍摄时，相机会优先对画面中的人物面部进行测光，然后再根据所测得的数据为依据，平衡画面的整体测光情况。

❶ 在**曝光/颜色菜单**中的第3页**测光**中，点击选择**多重测光人脸优先**选项

❷ 点击选择**开**或**关**中，然后点击 图标确定

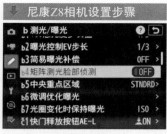

❶ 进入**自定义设定**菜单，点击 **b 测光/曝光**中的 **b4 矩阵测光脸部侦测**选项

❷ 点击使其处于 ON 状态

尼康相机设置中央重点测光区域大小

使用尼康相机的中央重点测光模式测光时，重点测光区域圆的直径是可以修改的，从而改变测光面积。操作方法为：选择"自定义设定"菜单中的"b5 中央重点区域"选项，可以将该测光区域圆的直径设为小、标准或全画面平均。

佳能和索尼相机暂时没有提供此功能。

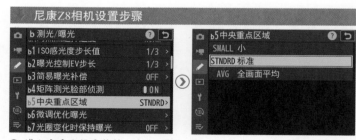

❶ 进入**自定义设定**菜单，点击**b 测光/曝光**中的**b5 中央重点区域**选项

❷ 点击选择**小**、**标准**或**全画面平均**选项

微调优化曝光

在摄影追求个性化的今天，有一些摄影师特别偏爱过曝或欠曝的照片，在他们的作品中，几乎看不到正常曝光的画面。使用索尼或尼康相机拍摄照片时，可利用"曝光标准调整"/"微调优化曝光"菜单设置针对每一张照片都增加或减少的曝光补偿值。例如，可以设置为，在拍摄过程中只要相机使用了多重/矩阵测光模式，则每张照片均在正常测光值的基础上再增加一定数值的正向曝光补偿。该菜单中包含相机的所有测光模式，对于每种测光模式，均可在-1EV~+1EV之间以1/6EV步长为增量进行微调。佳能相机暂时没有提供此功能。

索尼α7SⅢ相机设置步骤

❶ 在**曝光 / 颜色**菜单中的第2页**曝光补偿**中，点击选择**曝光标准调整**选项

❷ 在5种测光模式中选择一种进行微调

❸ 点击选择所需的数值

尼康Z8相机设置步骤

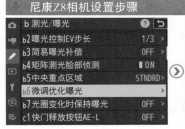
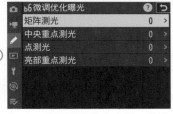

❶ 进入**自定义设定**菜单，点击**b测光 / 曝光**中的**b6 微调优化曝光**选项

❷ 在4种测光模式中选择一种进行微调

❸ 点击▲和▼图标可以以1/6步长为增量选择不同的数值，然后点击OK确定图标确认

> 提示：可以根据自己的喜好来修改不同测光模式下需要增加或减少的曝光量。例如，在使用矩阵测光模式拍摄风光时，为了获得较浓郁的画面色彩，并在一定程度上避免曝光过度，通常会在正常测光的基础上降低0.3~0.7挡曝光补偿，此时可以使用此功能进行永久性设置，而不用在每次使用该测光模式时都重新设置曝光补偿。

第 2 章

获得正确曝光的奥秘

曝光到底是什么

　　曝光是拍摄照片时常用的摄影术语，它是指光线通过相机镜头照射到感光元件上，相机内的感光元件通过收集光线信息转换成图像。因此，曝光实际上是相机捕捉光线并将其转化为照片的过程。

　　此外，曝光也被用于表示照片的亮度。例如形容一张照片曝光不足，表示照片的亮度过低，画面看起来暗淡无光；如果形容一张照片曝光过度，则表示照片的亮度过高，使照片看起来过于明亮或失去细节。

↑ 曝光明亮的照片（焦距：50mm ┊ 光圈：F8 ┊ 快门速度：1/250s ┊ 感光度：ISO100）

↑ 曝光暗淡的照片（焦距：100mm ┊ 光圈：F10 ┊ 快门速度：1/160s ┊ 感光度：ISO320）

什么是标准曝光

由相机判断的曝光即为标准曝光。相机判断曝光是通过相机的 AE（自动曝光）功能来完成的，通过相机内部的感光元件，根据光线和物体的亮度等信息来自动计算出最佳曝光值。

在拍摄照片时，如果发现相机拍摄出来的照片与实际看到的亮度完全不同，那么就说明相机没有正确地判断曝光，当眼睛看到的景物与相机拍摄出来的景物画面亮度相同，即为相机计算出的标准曝光是正确曝光。

标准曝光和正确曝光有什么不同

标准曝光是指相机根据所拍摄场景的亮度等信息，自动计算出的最佳亮度。而正确曝光则是由拍摄者根据自己的审美和需求，选择的最佳亮度。

相机计算出的标准曝光只有一种，而正确曝光会随着拍摄者的喜好而改变。标准曝光和正确曝光在有些时候是一致的，但有时也不一样。

大体来说，正确曝光的标准有三种。第一种是反映拍摄者意图的曝光。比如想要营造出明朗、轻快的氛围，或者想要营造出沉重的氛围。例如，在拍摄人像时，虽然肉眼看到的亮度很明亮，但相机标准曝光拍摄出来的照片显得暗，这时拍摄者可以选择再增加一些曝光来营造出画面轻快的感觉，或者减少一些曝光，来营造出沉重的感觉。

↑ 左图是由相机计算出的标准曝光拍摄的，右图是摄影师选择自己认为的正确曝光拍摄的（左图：焦距：85mm ┊ 光圈：F3.2 ┊ 快门速度：1/200s ┊ 感光度：ISO100 右图：焦距：85mm ┊ 光圈：F3.2 ┊ 快门速度：1/160s ┊ 感光度：ISO200）

第二种是体现被摄体的色彩和质感的曝光，如果曝光不合适，人物的皮肤或者花卉的色彩和质感就无法体现，这时要分清曝光过度和曝光不足对画面的影响。以下面的组图为例，曝光+2.0 时，画面中作为主体的花瓣完全过白，没有质感，属于画面曝光不当；曝光 -2.0 的画面，画面偏暗，没有表现出荷花的娇艳感；而使用曝光 +1.0 拍摄的画面，能够兼顾花瓣的色彩与质感，这就是正确的曝光。

↑ 曝光+2.0　　　　　　　　↑ 曝光+1.0　　　　　　　　↑ 曝光-2.0

第三种是体现灰阶的曝光，首先判断从亮部到暗部的灰阶是否丰富，然后在明暗反差的场景中要优先表现哪一部分，再决定曝光，从而拍出令人印象深刻的作品。比如下左图，作为主体的太阳和暖色天空过于明亮，画面的表现重点就不清晰；而在右图中，优先表现太阳和天空的色彩，地面不考虑展现细节，这样的画面重点突出，也是正确的曝光。

↑ 天空曝光过度，总体而言不是一张正确的曝光照片（焦距：20mm┆光圈：F11┆快门速度：1/1600s┆感光度：ISO100）

↑ 天空的色彩和细节均丰富，是符合摄影师主题的曝光（焦距：70mm┆光圈：F10┆快门速度：1/800s┆感光度：ISO100）

什么是曝光过度，什么是曝光不足

曝光过度和曝光不足这两个词，是在摄影中常常提到的术语。曝光过度是指拍摄出来的照片偏亮，而曝光不足是指拍摄出来的照片偏暗。

曝光过度可以理解为拍摄时的光线超过了所需要的量，使得画面变得过于明亮，此时可以用缩小光圈、降低感光度的方法来减少进入相机的光线量。相反，曝光不足则是指拍摄时的光线没有达到所需要的量，使得画面变得过于暗淡，此时可以用增大光圈、提高感光度的方法来增加进入相机的光线量，通过合理地控制曝光，摄影师可以更好地控制照片的明暗效果，以获得更佳的视觉效果。

如何知道画面曝光过度或者曝光不足呢？可以通过观察直方图的像素分布来了解，关于直方图的讲解见本章后面的内容。

→ 进入相机里的光线越多，照片就会越亮，当超过了一定的量，就会造成画面曝光过度（焦距：80mm 光圈：F8 快门速度：1/250s 感光度：ISO200）

→ 进入相机里的光线越少，照片就会越暗，当少到了一定的量，就会造成画面曝光不足（焦距：45mm 光圈：F10 快门速度：1/5s 感光度：ISO800）

从一张照片看曝光三要素的重要性

一张照片是否曝光正常、主体的动作是否清晰或动感、画面景深是大还是小，都受光圈、快门速度、感光度三个因素的影响。

下面以右侧的照片为例，直观地说明曝光三要素对画面的影响。

虽然示例照片看起来就是一张简单的跳跃人像照片，但实际上，在拍摄前，摄影师是需要精确地设置光圈、快门速度和感光度值的。

首先，画面的背景比较虚化，即景深较小，因而要使用较大的光圈值。

其次，画面中的人物主体呈现为跳跃在空中的状态，因此，要使用较高的快门速度来定格瞬间。

最后，通过照片的环境可以看出，拍摄地点是一条处于散射光下的过道，因两旁树木的遮挡，光线比较弱，而为了使快门速度处于较高值，要适当地提高感光度值。

（焦距：50mm｜光圈：F3.5｜快门速度：1/640s｜感光度：ISO400）

将光圈值设置 F3.5，可以保证背景虚化，同时也不会因景深过小而使人物跑焦

将快门速度设置为 1/640s，可以将人物跳跃的动作定格在画面中

将感光度值设置为 ISO400，可以确保此曝光组合能够使画面曝光正常

曝光三要素：控制曝光量的光圈

光圈对成像质量的影响

通常情况下，摄影师在拍摄时都会选择比镜头最大光圈小1～2挡的中等光圈，因为大多数镜头在中等光圈下的成像质量是最优秀的，照片的色彩和层次都能有更好的表现。例如，一支最大光圈为F2.8的镜头，其最佳成像光圈为F5.6～F8。另外，也不能使用过小的光圈，因为过小的光圈会使光线在镜头中产生衍射效应，导致画面质量下降。

你的镜头的最佳光圈值是多少？

我们经常会在一些文章中或在摄影群中看到这样的问题："什么样的光圈最适合风景摄影？"根据每个人的拍摄习惯，得到的答案可能也不一样，一般得到的答案会是在 F8~F16 之间。

每支镜头都会有一个最佳光圈，在这个光圈之下，镜头拍出来的画面质量表现会最好，并不是越大越好，也不是越小越好。但是每支镜头的光学设计又不相同，一般认为比最大光圈小 2~3 挡的光圈，就是这支镜头的最佳光圈。

像小三元之一的 16-35mm F4 镜头，其画质表现最好的光圈值可能在 F8~F11 之间，像大三元之一的 24-70mm F2.8 镜头，其画质表现最好的光圈可能在 F5.6~F8 之间。当然，这仅仅只是一个理论值，根据每一支镜头光学设计的不同也会有一些不同，但大体上都在这个范围之内。

但是这支镜头的最佳光圈，并不一定就是拍摄这个场景的最佳光圈，很多时候拍摄者都会落入一个刻板的思维定式里，认为一定要用最好的来表现，其实现代镜头的光学设计已经做得非常好，虽然说镜头会有最佳画质表现的光圈值，但是对于其他光圈值的表现，仅凭我们的肉眼是分辨不出来的。当然，如果放大 400% 来看照片，就有所区别了，不过即使这样，得到的也多半是心理暗示的好与坏。

➜ 使用大光圈拍摄，使背景得到虚化，凸显小孩的神情（焦距：50mm｜光圈：F2.8｜快门速度：1/500s｜感光度：ISO200）

什么是衍射效应？

衍射是指当光线穿过镜头光圈时，光在传播的过程中发生弯曲的现象。光线通过的孔隙越小，光的波长越长，这种现象就越明显。因此，在拍摄时光圈收得越小，在被记录的光线中衍射光所占的比例就越大，画面的细节损失就越多，画面就越不清楚。衍射效应对 APS-C 画幅数码相机和全画幅数码相机的影响程度稍有不同，通常 APS-C 画幅数码相机在光圈收小到 F11 时，就能发现衍射效应对画质产生了影响；而全画幅数码相机在光圈收小到 F16 时，才能够看到衍射效应对画质产生的影响。

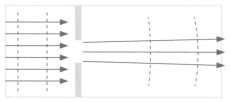

↑ 大光圈：只有边缘的光线发生了弯曲

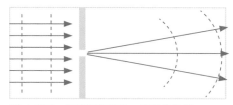

↑ 小光圈：光线衍射明显，降低解像度

认识光圈

光圈是指镜头内由多片很薄的金属叶片组成、用于控制相机进光量的装置，理解光圈与相机进光量的控制原理，对于拍摄出曝光准确的照片具有很重要的意义。

通过改变镜头内光圈金属叶片的开启程度（叶片圆圈的直径）可以控制进入镜头光线的多少，光圈开启越大，通光量越多；开启越小，通光量越少。因此，在其他曝光参数不变的情况下，光圈越大，同一时间进入相机的光量越大，画面就会由于曝光越充分，而显得越亮。

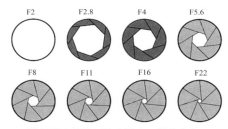

↑ 不同光圈值下镜头通光口径的变化

← 设置小光圈拍摄城市夜景，使前后建筑都清晰呈现（焦距：18mm ┊ 光圈：F16 ┊ 快门速度：20s ┊ 感光度：ISO100）

光圈的表现形式

光圈用字母 F 或 f 表示，如 F8（或 f/8）。常见的光圈值有 F1.4、F2、F2.8、F4、F5.6、F8、F11、F16、F22、F32、F36 等，光圈每递进一挡，光圈口径就会缩小一部分，通光量也随之减半。例如，F5.6 光圈的进光量是 F8 的两倍。

光圈值还有 F1.6、F1.8、F3.5 等，但这些数值不包含在正级数之内。这是因为各个镜头厂商设计了 1/3 级或者 1/2 级的光圈，从而让摄影师可以更精确地控制曝光量。当光圈以 1/3 级进行调节时，则会出现如 F1.6、F1.8、F2.2、F2.5 等光圈值；当光圈以 1/2 级进行调节时，则会出现 F3.5、F4.5、F6.7、F9.5 等光圈值。用户可以通过相机中的"曝光步级"选项进行设置。若选择"0.5 段"，即以 1/2 级进行光圈控制；若选择"0.3"段，即以 1/3 级进行光圈控制。

↑ 光圈级数刻度示意图，上排为光圈正级数，下排为光圈副级数

佳能 R5 相机光圈设置方法：按 MODE 按钮，然后转动主拨盘选择 Av 挡光圈优先或 M 全手动曝光模式。在使用 Av 挡光圈优先曝光模式拍摄时，通过转动主拨盘来调整光圈；在使用 M 挡全手动曝光模式拍摄时，则通过转动速控转盘来调整光圈

尼康 Z8 相机光圈设置方法：按住 MODE 按钮并旋转主指令拨盘选择光圈优先或手动模式。在光圈优先或手动模式下，转动副指令拨盘可以选择光圈值

索尼 α7S III 相机光圈设置方法：旋转模式旋钮至光圈优先模式或手动模式。在光圈优先模式下，可以转动前 / 后转盘来选择不同的光圈值；而在手动模式下，可以转动前转盘调整光圈值

光圈数值与光圈大小的对应关系

光圈越大，光圈数值就越小（如 F1.2、F1.4）；反之，光圈越小，光圈数值就越大（如 F18、F32）。初学者往往记不住这个对应关系，其实，只要记住光圈值实际上是一个倒数即可，例如，F1.2 的光圈代表此时光圈的孔径是 1/1.2，同理，F18 的光圈代表此时光圈孔径是 1/18，很明显 1/1.2>1/18，因此，F1.2 是大光圈，而 F18 是小光圈。

光圈与景深

简单来说，景深即指对焦位置前后的清晰范围。清晰范围越大，表示景深越大；反之，清晰范围越小，则表示景深越小，此时画面的虚化效果就越好。

光圈是控制景深（背景虚化程度）的重要因素。即在相机焦距不变的情况下，光圈越大，景深越小；反之，光圈越小，景深越大。

↑ 在光圈优先模式下，加大光圈，快门速度提高，曝光量不变，画面景深较小，后面的玩偶被虚化了（焦距：100mm ┆ 光圈：F2.8 ┆ 快门速度：1/80s ┆ 感光度：ISO800）

↑ 在光圈优先模式下，缩小光圈，快门速度降低，曝光量不变，画面景深较大，两个玩偶都很清晰（焦距：100mm ┆ 光圈：F13 ┆ 快门速度：1/4s ┆ 感光度：ISO800）

光圈对曝光的影响

在日常拍摄时，一般最先调整的曝光参数是光圈值，在其他参数不变的情况下，光圈增大一挡，则曝光量提高一倍，例如，光圈从 F4 增大至 F2.8，即可增加一倍的曝光量；反之，光圈减小一挡，则曝光量也随之降低一半。换句话说，光圈开启越大，通光量就越多，所拍摄出来的照片也越明亮；光圈开启越小，通光量就越少，所拍摄出来的照片也越暗淡。

↑（焦距：100mm ┆ 光圈：F3.2 ┆ 快门速度：1/30s ┆ 感光度：ISO400）

↑（焦距：100mm ┆ 光圈：F4 ┆ 快门速度：1/30s ┆ 感光度：ISO400）

↑（焦距：100mm ┆ 光圈：F5.6 ┆ 快门速度：1/30s ┆ 感光度：ISO400）

从这组照片可以看出，当光圈从 F3.2 逐级缩小至 F5.6 时，由于通光量逐渐降低，拍摄出来的照片也会逐渐变暗。

曝光三要素：控制相机感光时间的快门速度

快门与快门速度的含义

快门的主要作用是从时间上控制相机的曝光时间。而快门开启的时间被称为曝光时间或快门速度。

在其他因素不变的情况下，快门速度越低，感光元件接受光线照射的时间越长，快门开启的时间越长，进入相机的光量越多，曝光也越充分；快门速度越高，感光元件接受光线照射的时间越短，快门开启的时间越短，进入相机的光量越少，曝光也越不充分。

在其他因素不变的情况下，快门速度延长一倍或缩减一半，相机的曝光量会相应增加一倍或减少一半，例如，1/125s 的曝光时间比 1/250s 延长了一倍，因此前者的曝光量比后者增加了一倍。利用低速快门可控制车灯轨迹、星星轨迹和水流的拍摄效果。

↑ 快门结构

佳能 R5 相机快门速度设置方法：按下 MODE 按钮，然后转动主拨盘选择 M 全手动或 Tv 快门优先曝光模式。在使用 M 挡或 Tv 挡拍摄时，直接向左或向右转动主拨盘，即可调整快门速度数值

尼康 Z8 相机快门速度设置方法：按住 MODE 按钮并旋转主指令拨盘选择快门优先或手动模式。在快门优先或手动模式下，转动主指令拨盘可以选择快门速度

索尼 α7S Ⅲ 相机快门速度设置方法：旋转模式旋钮至快门优先或手动模式。在快门优先模式下，转动前 / 后转盘选择不同的快门速度值，在手动模式下，转动后转盘选择不同的快门速度值

↑ 利用高速快门将出水起飞的鸟儿定格，拍摄出很有动感效果的画面（焦距：400mm ┊ 光圈：F6.3 ┊ 快门速度：1/500s ┊ 感光度：ISO400）

快门速度的表示方法

快门速度以秒为单位,低端入门级相机的快门速度范围通常为 1/4000~30s,而中、高端相机,如索尼 α7 系列的最高快门速度可达 1/8000s,已经可以满足几乎所有题材的拍摄要求。

分类	常见快门速度	适用范围
低速快门	30s、15s、8s、4s、2s、1s	在拍摄夕阳、日落后以及天空仅有少量微光的日出前后时,都可以使用光圈优先曝光模式或手动曝光模式进行拍摄,很多优秀的夕阳作品都诞生于这个曝光区间。使用 1~5s 之间的快门速度,能够将瀑布或溪流拍摄出如同棉絮一般的梦幻效果,使用 10~30s 可以用于拍摄光绘、车流、银河等题材
	1s、1/2s	适合在昏暗的光线下,使用较小的光圈获得足够的景深,通常用于拍摄稳定的对象,如建筑、城市夜景等
	1/4s、1/8s、1/15s	1/4s 的快门速度可以作为拍摄成人夜景人像时的最低快门速度。该快门速度区间也适合拍摄一些光线较强的夜景,如明亮的步行街和光线较好的室内
中速快门	1/30s	在使用标准镜头或广角镜头拍摄时,该快门速度可被视为最慢的快门速度,但在使用标准镜头时,对手持相机的平稳性有较高的要求
	1/60s	对于标准镜头而言,该快门速度可以保证进行各种场合的拍摄
	1/125s	这一挡快门速度非常适合在户外阳光明媚时使用,同时也能够拍摄运动幅度较小的物体,如走动的人
	1/250s	适合拍摄中等运动速度的拍摄对象,如游泳运动员、跑步中的人或棒球活动等
高速快门	1/500s	该快门速度已经可以抓拍一些运动速度较快的对象,如行驶的汽车、跑动的运动员、奔跑的马等
	1/1000s、1/2000s、1/4000s、1/8000s	该快门速度区间已经可以用于拍摄一些极速运动的对象,如赛车、飞机、足球运动员、飞鸟以及飞溅出的水花等

↑ 像这种城市上空烟花绽放的场景,一般都是使用低速快门拍摄的(焦距:14mm | 光圈:F14 | 快门速度:10s | 感光度:ISO200)

快门速度对画面清晰度的影响

拍摄正在运动中的景物时，快门速度越慢，画面越模糊；快门速度越快，画面定格景物的清晰度越高，适合拍摄飞鸟、动物等题材。

不同的快门速度有着不同的作用，例如低速利用快门拍摄飞鸟、动物等题材时，主体模糊会被认为拍摄有误，而利用低速快门在拍摄流动的云、柔滑的水流等题材时，反而会因为主体的模糊呈现出奇妙的效果。

当由于快门速度不足导致画面的清晰度变差时，图像会显得模糊，这也是照片画质不高的一个体现。

↑ 利用低速快门能得到特殊效果的流水画面（焦距：30mm ┊ 光圈：F13 ┊ 快门速度：10s ┊ 感光度：ISO100）

安全快门确保画面清晰

手持相机拍摄时，会出现由于手的抖动而导致照片画面不实的现象。为保证画面的清晰，需要使用安全快门进行拍摄。安全快门指镜头焦距的倒数，如拍摄时使用镜头的 250mm 焦距段，安全快门就是 1/250s，选择 1/250s 以上的快门速度（再高两挡才保险）才可避免因手抖动造成的影响模糊。在使用长焦拍摄鸟类、野生动物时需特别注意。

需要注意的是，APS-C 画幅（尼康为 DX 画幅）相机在计算安全快门时，焦距需要乘以 1.6（尼康相机为 1.5）的转换系数。安全快门只是一个参考数字，为保证照片的品质，三脚架的作用仍然是不可替代的。

当由于快门速度不足导致画面的清晰度变差时，图像会显得模糊，这也是照片画质不高的一个体现。

← 使用长焦镜头拍摄远处的鸟儿时，为了确保画面清晰，应注意使用安全快门速度（焦距：300mm ┊ 光圈：F5.6 ┊ 快门速度：1/400s ┊ 感光度：ISO200）

快门速度对曝光的影响

如前面所述，快门速度的快慢决定了曝光量的多少。具体而言，在其他条件不变的情况下，每一倍的快门速度变化，会导致一倍曝光量的变化。例如，当快门速度由 1/125s 变为 1/60s 时，曝光时间会增加一倍，因此总的曝光量也会随之增加一倍。

如果照片曝光不足，后期处理时对暗部提亮，会导致局部出现噪点，这些噪点会影响画质。

↑（焦距：100mm┊光圈：F4.5┊快门速度：1/6s┊感光度：ISO100）

↑（焦距：100mm┊光圈：F4.5┊快门速度：1/5s┊感光度：ISO100）

↑（焦距：100mm┊光圈：F4.5┊快门速度：1/4s┊感光度：ISO100）

↑（焦距：100mm┊光圈：F4.5┊快门速度：1/3s┊感光度：ISO100）

↑（焦距：100mm┊光圈：F4.5┊快门速度：1/2s┊感光度：ISO100）

↑（焦距：100mm┊光圈：F4.5┊快门速度：0.6s┊感光度：ISO100）

通过这组照片可以看出，在其他曝光参数不变的情况下，当快门速度逐渐变慢时，由于曝光时间变长，拍摄出来的照片也会逐渐变亮。

快门速度对画面动感的影响

快门速度不仅影响进光量，还会影响画面的动感效果。表现静止的景物时，快门的快慢对画面不会有什么影响，除非摄影师在拍摄时有意摆动镜头，但在表现动态景物时，不同的快门速度就能够营造出不一样的画面效果。

下面一组示例照片是在焦距、感光度都不变的情况下，分别将快门速度依次调慢所拍摄到的。

对比下方这一组照片，可以看到当快门速度较快时，水流被定格成为清晰的水珠，但当快门速度逐渐降低时，水流在画面中渐渐变为拉长的运动线条。

↑（焦距：70mm｜光圈：F3.2｜快门速度：1/60s｜感光度：ISO50）

↑（焦距：70mm｜光圈：F5｜快门速度：1/20s｜感光度：ISO50）

↑（焦距：70mm｜光圈：F8｜快门速度：1/8s｜感光度：ISO50）

↑（焦距：70mm｜光圈：F18｜快门速度：1/2s｜感光度：ISO50）

拍摄效果	快门速度设置	说明	适用拍摄场景
凝固运动对象的精彩瞬间	使用高速快门	拍摄对象的运动速度越高，采用的快门速度也要越快	运动中的人物、奔跑的动物、飞鸟、瀑布
运动对象的动态模糊效果	使用低速快门	使用的快门速度越低，所形成的动感线条越柔和	流水、夜间的车灯轨迹、风中摇摆的植物、流动的人群

曝光三要素：控制相机感光灵敏度的感光度

感光度对画质的影响

虽然调高感光度可以提高快门速度，但是随着感光度的提高，照片的成像质量会逐渐下降。使用过高的感光度，不仅会使所拍照片的噪点增多，而且还会对画面的细节锐度、色彩饱和度、色彩偏差、画面层次和画面反差等产生不良影响。

对于大部分相机而言，使用 ISO400 以下的感光度拍摄时，均能获得优秀的画质；使用 ISO500~ISO1600 拍摄时，虽然画质要比使用低感光度时略有降低，但是依旧是很优秀的。

如果从实用角度来看，在光照较充分的情况下，使用 ISO1600 和 ISO3200 拍摄的照片细节较完整，色彩较生动，但如果以 100% 的比例进行查看，还是能够在照片中看到一些噪点，而且光线越弱，噪点越明显，因此，如果不是对画质有特别要求，这个区间的感光度仍然属于能够使用的范围。但是对一些对画质要求较为苛刻的用户来说，ISO1600 是相机能保证较好画质的最高感光度。

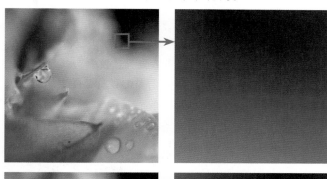

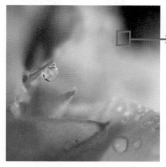

（焦距：100mm 光圈：F2.8 快门速度：1/160s 感光度：ISO100）

（焦距：100mm 光圈：F2.8 快门速度：1/1000s 感光度：ISO800）

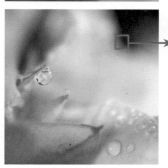
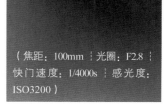

（焦距：100mm 光圈：F2.8 快门速度：1/4000s 感光度：ISO3200）

从这组照片可以看出，在光圈优先曝光模式下，当 ISO 感光度数值发生变化时，快门速度也发生了变化，因此，照片的整体曝光量并没有变化。但仔细观察细节可以看出，照片的画质随着 ISO 数值的增大而逐渐变差。

感光度对曝光结果的影响

在有些场合拍摄时，如森林、光线较暗的博物馆等，光圈与快门速度已经没有调整的空间了，并且在无法开启闪光灯补光的情况下，那么，便只剩下提高感光度一种选择。

在其他条件不变的情况下，感光度每增加一挡，感光元件对光线的敏锐度会增加一倍，即曝光量增加一倍；反之，感光度每减少一挡，曝光量则减少一半。

固定的曝光组合	想要进行的操作	方法	示例说明
F2.8、1/200s、ISO400	改变快门速度并使光圈数值保持不变	提高或降低感光度	例如，快门速度提高一倍（变为1/400s），则可以将感光度提高一倍（变为ISO800）
F2.8、1/200s、ISO400	改变光圈值并保证快门速度不变	提高或降低感光度	例如，增加两挡光圈（变为F1.4），则可以将ISO感光度数值降低两挡（变为ISO100）

下面是一组在焦距为50mm、光圈为F3.2、快门速度为1/20s的特定参数下，只改变感光度拍摄的照片的效果。

↑（焦距：50mm ┊光圈：F3.2 ┊快门速度：1/20s ┊感光度：ISO100）

↑（焦距：50mm ┊光圈：F3.2 ┊快门速度：1/20s ┊感光度：ISO125）

↑（焦距：50mm ┊光圈：F3.2 ┊快门速度：1/20s ┊感光度：ISO200）

↑（焦距：50mm ┊光圈：F3.2 ┊快门速度：1/20s ┊感光度：ISO320）

这组照片是在M挡手动曝光模式下拍摄的，在光圈、快门速度不变的情况下，随着ISO数值的增大，由于感光元件的感光敏感度越来越高，画面会变得越来越亮。

理解感光度

作为曝光三要素之一的感光度，在调整曝光的操作中，通常是最后一项。感光度是指相机的感光元件（即图像传感器）对光线的感光敏锐程度。在相同条件下，感光度越高，获得光线的数量也就越多。需要注意的是，感光度越高，产生的噪点就越多，而低感光度画面则清晰、细腻，细节表现较好。在光线充足的情况下，一般使用 ISO100 即可。

相机型号	可以设置的感光度范围
佳能R5	ISO100 ~ ISO51200，可以向下扩展至ISO50，向上扩展至ISO102400）
尼康Z8	ISO64 ~ ISO25600，可以向下扩展至ISO32，向上扩展至ISO102400
索尼α7SⅢ	ISO80 ~ ISO102400，可以向下扩展至 ISO40，向上扩展至 ISO409600

佳能 R5 相机感光度设置方法：在拍摄状态下，屏幕上显示图像时，直接转动速控转盘 2 ▽选择所需的 ISO 感光度值

尼康 Z8 相机感光度设置方法：按住 ISO 按钮并旋转主指令拨盘，即可调节 ISO 感光度。也可以直接点击屏幕中红框所在的 ISO 图标来设定具体数值

索尼 α7SⅢ 相机感光度设置方法：在 P、A、S、M 模式下，可以按 ISO 按钮，然后转动控制拨轮或按▲或▼方向键调整 ISO 感光度数值

↑ 在光线充足的环境下拍摄人像时，使用 ISO100 的感光度可以保证画面的细腻（焦距：85mm ┊ 光圈：F2 ┊ 快门速度：1/500s ┊ 感光度：ISO100）

感光度的设置原则

除去需要高速抓拍或不能给画面补光的特殊场合，并且只能通过提高感光度来拍摄的情况外，否则不建议使用过高的感光度值。感光度除了会对曝光产生影响外，对画质也有极大的影响，这一点即使是全画幅相机也不例外。感光度越低，画质就越好；反之，感光度越高，就越容易产生噪点、杂色，画质就越差。

在条件允许的情况下，建议采用相机基础感光度中的最低值，一般为ISO100，这样可以最大限度地保证得到较高的画质。

需要特别指出的是，分别在光线充足与不足的情况下拍摄时，即使设置相同的ISO感光度，在光线不足时拍出的照片中也会产生更多的噪点，如果此时再使用较长的曝光时间，那么就更容易产生噪点。因此，在弱光环境中拍摄时，需要根据拍摄需求灵活设置感光度，并配合高感光度降噪和长时间曝光降噪功能来获得较高的画质。

感光度设置	对画面的影响	补救措施
光线不足时设置低感光度值	会导致快门速度过低，在手持拍摄时容易因为手的抖动而导致画面模糊	无法补救
光线不足时设置高感光度值	会获得较高的快门速度，不容易造成画面模糊，但是画面噪点增多	可以用后期软件降噪

↑ 在手持相机拍摄建筑的精美内饰时，由于光线较弱，此时便需要提高感光度数值（焦距：24mm ┊ 光圈：F5 ┊ 快门速度：1/60s ┊ 感光度：ISO800）

什么是自动感光度

自动感光度是指由用户设置一个ISO感光度范围，在拍摄时如果相机通过测光得到的曝光参数低于正常曝光，则相机会在此范围内选择更高的ISO，以获得正常曝光。将ISO感光度设置为"AUTO"选项时，即切换到自动感光度。

自动感光度的应用场景

自动感光度的典型应用是环境光线变化比较快的拍摄场景。例如，在跟拍婚礼时，有时在室外明亮的环境中，此时使用光圈优先模式，设置大光圈和低感光度能得到较快的快门速度，能保证画面的清晰度，但有时又在室内或者昏暗的舞台环境中，此时同样设置大光圈和低感光度，快门速度可能只有1/40s或更低，并不能保证画面的清晰度，这种情况下，必须要提高感光度值来保证较高的快门速度，但是婚礼中人物的动作和表情都是实时的，如果摄影师经常设置感光度，容易错失拍摄时机，为了更好更快地抓拍这些精彩瞬间画面，由相机自动控制感光度既可以保证画面的曝光和画质，摄影师也不用因经常调整感光度而错失拍摄时机。

自动感光度的另一种典型应用是拍摄时机较短的场景，例如，拍摄赛场上的运动员、节日街拍等场景，这些场景中虽然光线变化没有那么多样化，但是精彩的画面往往转瞬即逝，这种情况下，由相机自动控制感光度，摄影师以抓拍到为原则。

自动感光度的使用方法

在设置感光度时选择"AUTO"选项，即启用自动感光度功能。在自动感光度下，用户需要设置由相机自动选择感光度的范围及最低快门速度值。

➡ 节日街拍时，设为自动感光度，由相机完全控制曝光，摄影师可以更好地专注抓拍（焦距：200mm ┊光圈：F7.1 ┊快门速度：1/500s ┊感光度：ISO200）

设置自动感光度范围

当ISO感光度设置为"AUTO"时，在"ISO感光度设置"菜单中，用户可以设置自动ISO感光度的范围，比如在ISO100～ISO25600范围内设定感光度的下限，在ISO200～ISO51200的范围内设定感光度的上限。

佳能R5相机设置步骤

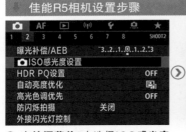  

❶ 在**拍摄菜单2**中选择**ISO感光度设置**选项

❷ 选择**自动范围**选项

❸ 点击选择**最小**或**最大**选项，然后点击▲或▼图标选择ISO感光度的数值，完成后点击选择**确定**选项

尼康Z8相机设置步骤

 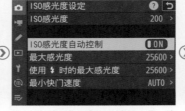 

❶ 在**照片拍摄**菜单中点击**ISO感光度设定**选项

❷ 点击**ISO感光度自动控制**选项，使其处于ON开启的状态

❸ 开启此功能后，可以对**"最大感光度""使用❖时的最大感光度"**和**"最小快门速度"**进行设定

索尼α7SⅢ相机设置步骤

 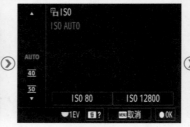 

❶ 在**曝光/颜色**菜单中的第1页**曝光**中，点击选择**ISO**选项

❷ 在左侧列表中点击选择**AUTO**选项

❸ 选择**ISO AUTO最小**或**ISO AUTO最大**选项时，点击右侧的▲或▼图标可以选择一个感光度值

设置自动感光度的最低快门速度

使用自动感光度时，可以指定一个快门速度的最低数值，当快门速度低于此数值时，由相机自动提高感光度数值；反之，则使用"ISO感光度设置"中设置的最小感光度数值进行拍摄。

佳能R5相机设置步骤

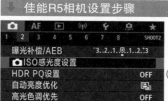  

❶ 在**拍摄菜单2**中选择**ISO感光度设置**选项

❷ 点击选择**最低快门速度**选项

❸ 选择**自动**选项时可以选择自动最低快门速度的快与慢，选择**手动**选项时可以选择一个快门速度值。完成后点击 SET OK 图标保存

尼康Z8相机设置步骤

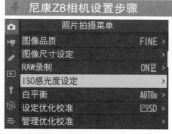  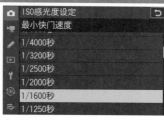

❶ 在**照片拍摄**菜单中点击**ISO感光度设定**选项

❷ 点击**最小快门速度**选项

❸ 点击选择自己能接受的最小快门速度值

索尼α7SⅢ相机设置步骤

❶ 在**曝光/颜色菜单**中的第1页**曝光**中，点击选择**ISO AUTO最小**选项

❷ 如果选择第一个选项，可以在右侧选择最小速度的标准（红框所示）

❸ 如果下滑选择了一个快门速度值，则最低快门速度不会低于所选择的值，设置完成后点击 OK 图标确认

长时间曝光降噪功能

曝光时间越长，产生的噪点就越多，此时，可以启用"长时间曝光降噪"功能来减少画面中产生的噪点。

"长时间曝光降噪"菜单用于对快门速度低于1s（或者说总曝光时间长于1s）所拍摄的照片进行减少噪点处理，处理所需时长约等于当前曝光的时长。

提示：一般情况下，建议将"长时间曝光降噪"设置为"ON"；但是在某些特殊条件下，比如在寒冷的天气拍摄，电池的电量消耗得很快，为了保持电池电量，建议关闭该功能。因为相机的降噪过程和拍摄过程需要大致相同的时间。

佳能R5相机设置步骤

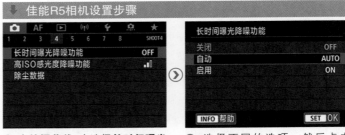

① 在**拍摄菜单4**中选择**长时间曝光降噪功能**选项

② 选择不同的选项，然后点击 **SET OK** 图标确定

尼康Z8相机设置步骤

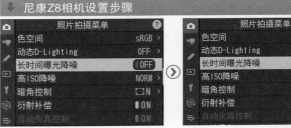

① 在**照片拍摄**菜单中点击**长时间曝光降噪**选项

② 点击使其处于**ON**开启状态

索尼α7SⅢ相机设置步骤

① 在**拍摄菜单**中的第1页**影像质量**中，点击选择**长时曝光降噪**选项

② 点击可选择**开**或**关**选项

↑ 左图是未开启"长时曝光降噪"功能时拍摄的画面局部，右图是开启了"长时间曝光降噪"功能后拍摄的画面局部，可以看到，右图中的杂色及噪点都明显减少了，但同时也损失了一些细节

高 ISO 降噪

感光度越高，照片产生的噪点也越多，此时可以启用"高ISO降噪"功能来减少画面中的噪点，但需要注意的是，这样会失去一些画面细节。

在"高ISO降噪"菜单中一般包含"高""标准""低""关闭"等选项，可以根据噪点的多少来改变设置，设置为"高"时，会使相机的连拍数量减少。需要特别指出的是，在佳能相机中还有一个"多张拍摄降噪"选项，选择此选项，能够在保持更高图像画质的情况下进行降噪，其原理是连续拍摄 4 张照片并将其自动合并成一幅JPEG格式的照片。

① 在**拍摄菜单4**中选择**高ISO感光度降噪功能**选项

② 点击选择不同的选项，然后点击 SET OK 图标确定

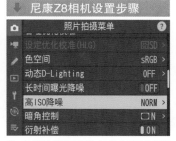

① 在**照片拍摄菜单**中点击**高ISO降噪**选项

② 点击选择不同的降噪标准

① 在**拍摄菜单**中的第1页**影像质量**中，点击选择**高ISO降噪**选项

② 点击选择不同的降噪标准

↑ 上面左图是未开启"高 ISO 降噪"功能放大后的画面局部，上面右图是启用了"高 ISO 降噪"功能放大后的画面局部，可以看到画面中的杂色及噪点都明显减少，但同时也损失了一些细节

通过曝光补偿快速控制画面的明暗

曝光补偿的概念

相机的测光原理是基于 18% 中性灰建立的，由于数码单反相机的测光主要是由场景物体的平均反光率确定的，除了反光率比较高的场景（如雪景、云景）及反光率比较低的场景（如煤矿、夜景），其他大部分场景的平均反光率都在 18%，而这一数值正是灰度为 18% 物体的反光率。因此，可以将测光原理简单地理解为：当拍摄场景中被摄物体的反光率接近于 18% 时，相机就会做出正确的测光。所以，在拍摄一些极端环境，如较亮的白雪场景或较暗的弱光环境时，相机的测光结果就是错误的，此时就需要摄影师通过调整曝光补偿来得到正确的曝光结果，如下图所示。

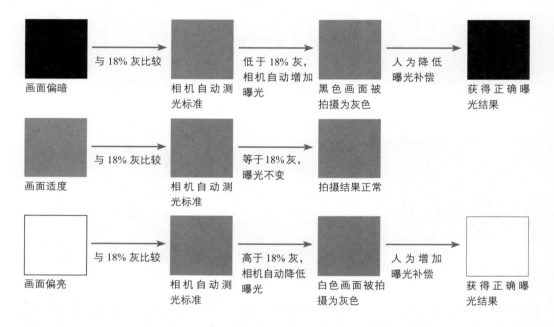

通过调整曝光补偿数值，可以改变照片的曝光效果，从而使拍摄出来的照片传达出摄影师的表现意图。例如，通过增加曝光补偿，照片轻微曝光过度以得到柔和的色彩与浅淡的阴影，使照片有轻快、明亮的效果；或者通过减少曝光补偿，照片变得阴暗。

在拍摄时，是否能够主动运用曝光补偿技术，是判断一位摄影师是否真正理解摄影光影奥秘的标志之一。

数码相机的曝光补偿范围一般在 −5.0~+5.0EV 之间，并且可以以 1/3 级为单位进行调节。

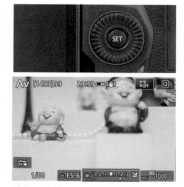

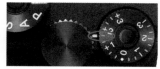

佳能R5相机曝光补偿设置方法：在 P、Tv、Fv、Av模式下，半按快门按钮并查看曝光量指示标尺，然后转动速控转盘1◎即可调节曝光补偿值

尼康 Z8 相机曝光补偿设置方法：按住🔲按钮，同时转动主指令拨盘，即可调整曝光补偿

索尼 α7S Ⅲ 相机曝光补偿设置方法：先按一下曝光补偿锁定按钮解锁曝光补偿旋钮，然后转动曝光补偿旋钮，将所需曝光补偿值对齐左侧白线处

什么是 EV 值

EV 值用于表示曝光补偿的程度，比如正向曝光补偿 +1，用 "+1EV" 表示，负向曝光补偿 −1，会用 "−1EV" 表示，数值越大，表示画面越明亮，而数值越小，表示画面越暗淡，通过调整 EV 值，可以对画面的亮度进行微调，以达到理想的曝光效果。

ISO100 时 EV 值与光圈和快门速度的调整关系可以总结如下。

当 EV 值增加时，光圈需要调大，快门速度需要调慢。

当 EV 值减小时，光圈需要调小，快门速度需要调快。

减少曝光补偿，使夜晚的雪景色彩更加浓郁（焦距：18mm ⋮ 光圈：F10 ⋮ 快门速度：10s ⋮ 感光度：ISO100）

正确理解曝光补偿

在刚接触曝光补偿时，许多摄影初学者以为使用曝光补偿可以在曝光参数不变的情况下，提亮或加暗画面，这种认识是错误的。

实际上，曝光补偿是通过改变光圈与快门速度来提亮或加暗画面的。即在光圈优先模式下，如果增加曝光补偿，相机实际上是通过降低快门速度来实现的；反之，如果减少曝光补偿，则通过提高快门速度来实现。在快门优先模式下，如果增加曝光补偿，相机实际上是通过增大光圈来实现的（直至达到镜头的最大光圈），因此，当光圈达到镜头的最大光圈时，曝光补偿就不再起作用；反之，如果减少曝光补偿则通过缩小光圈来实现。

下面通过两组照片及相应拍摄参数来佐证这一点。

↑（焦距：50mm｜光圈：F1.4｜快门速度：1/10s｜感光度：ISO100｜曝光补偿：+1.3EV）

↑（焦距：50mm｜光圈：F1.4｜快门速度：1/25s｜感光度：ISO100｜曝光补偿：+0.7EV）

↑（焦距：50mm｜光圈：F1.4｜快门速度：1/50s｜感光度：ISO100｜曝光补偿：0EV）

↑（焦距：50mm｜光圈：F1.4｜快门速度：1/80s｜感光度：ISO100｜曝光补偿：-0.7EV）

从上面展示的4张照片可以看出，在光圈优先模式下改变曝光补偿，实际上是改变了快门速度。

↑（焦距：50mm｜光圈：F2.5｜快门速度：1/50s｜感光度：ISO100｜曝光补偿：-1.3EV）

↑（焦距：50mm｜光圈：F2.2｜快门速度：1/50s｜感光度：ISO100｜曝光补偿：-1EV）

↑（焦距：50mm｜光圈：F1.4｜快门速度：1/50s｜感光度：ISO100｜曝光补偿：+1EV）

↑（焦距：50mm｜光圈：F1.2｜快门速度：1/50s｜感光度：ISO100｜曝光补偿：+1.7EV）

从上面展示的4张照片可以看出，在快门优先模式下改变曝光补偿，实际上是改变了光圈大小。

哪些模式下可以使用曝光补偿

曝光补偿功能为初学者提供了一个很好的起点，可以让他们逐步熟悉曝光功能，此功能可以在 P 程序自动模式、A 光圈优先和 S 快门优先模式下使用，而全自动以及场景模式等普通自动模式是不支持曝光补偿的。

曝光补偿在营造虚化或表现动感方面可以起到辅助作用，例如，在使用光圈优先模式表现虚化背景的小清新画面时，向正向增加补偿可以让画面更为明亮，进一步强调出画面的柔软质感。摄影初学者通过慢慢搜索曝光补偿的运用，有助于提升自己的拍摄技巧。

↑ 这张图是使用光圈优先模式标准曝光拍摄的，背景被很好地虚化，整体呈现柔和的感觉（焦距：60mm 光圈：F3.2 快门速度：1/60s 感光度：ISO100

↑ 这张图增加了 1 挡曝光补偿，画面不仅变亮了，也变得更加柔和（焦距：60mm 光圈：F3.2 快门速度：1/40s 感光度：ISO100

为什么手动曝光模式下不用曝光补偿

在 M 手动曝光模式下，光圈、快门速度和感光度都可以由拍摄者自由调节，所以一般情况下，是无须使用曝光补偿的功能的。但是，如果在手动曝光模式下感光度设置为自动感光度功能时，可以使用曝光补偿功能。

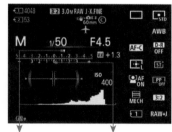

当前曝光量   标准曝光量标志
标志

由前面的讲解内容我们可以知道，曝光补偿是相机根据当前曝光值自动改变亮度的功能。比如在光圈优先模式下，设置光圈为 F4、感光度为 ISO100、曝光补偿为 +1EV 的参数后，最终快门速度为 1/125s，而在手动模式下，可以直接将光圈设为 F4、快门速度设置为 1/125s，感光度设为 ISO100 即可达到同样的曝光效果。

不管是使用单反相机还是微单相机，都可以通过查看相机显示屏或者取景器中的曝光指示来了解曝光，曝光指示一般有两种显示形式，如果是使用单反相机或者微单显示屏显示参数时，可以显示如上图的曝光指示条，而如果使用微单相机实时显示图像状态时，可以显示如右下图所示的曝光指示。只要理解了光圈、快门速度和感光度的关系，就会发现手动模式是非常简单且好用的模式。

↑ 在拍摄状态参数界面中可查看此数值

判断曝光补偿的方向

　　了解了曝光补偿的概念后，曝光补偿应该如何应用于拍摄呢？曝光补偿分为正向与负向，即增加与减少曝光补偿，针对不同的拍摄题材，在拍摄时一般可使用"找准中间灰，白加黑就减"口诀来判断增加还是减少曝光补偿。

　　需要注意的是，"白加"中提到的"白"并不是指单纯的白色，而是泛指一切看上去比较亮的、比较浅的景物，如雪、雾、白云、浅

色的墙体、亮黄色的衣服等；同理，"黑减"中提到的"黑"，也并不是单指黑色，而是泛指一切看上去比较暗的、比较深的景物，如夜景、深蓝色的衣服、阴暗的树林、黑胡桃色的木器等。

　　因此，在拍摄时，若遇到了"白色"的场景，就应该做正向曝光补偿；如果遇到的是"黑色"的场景，就应该做负向曝光补偿。

↑ 应根据拍摄题材的特点进行曝光补偿，以得到合适的画面效果

增加曝光补偿时的注意事项

增加补偿即增加照片的亮度，在增加亮度的同时需要注意以下问题，以避免对照片产生不良影响。

首先，要避免过度增加曝光补偿，要注意拍摄主体不要太亮，虽然增加曝光补偿，可以让照片看起来更明亮，但如果使用的数值过高，不但主体会过亮减少细节，而且画面的亮部区域会变成死白失去细节。应该合理增加曝光补偿，确保画面整体的观感。

其次，在光圈优先模式下增加补偿时还需要注意快门速度，增加曝光是通过降低快门速度来实现的，因此在设置时要注意快门速度是否低于安全快门速度的情况，以防止快门速度过低，而影响照片的清晰度。如果增加曝光补偿后，出现快门速度过低的情况，此时就需要提高感光度，或者固定相机进行拍摄。

减少曝光补偿时的注意事项

增加曝光补偿时要避免"死白"，那么减少曝光补偿时，第一个注意事项，就是要避免"死黑"。过度地减少曝光补偿，会使画面的阴影区域变得一片黑且颜色严重失真，同时还会失去细节和颜色层次。

当然，有些拍摄场景是需要暗部变成一片黑的效果，例如右上图，但在拍摄大部分场景时，还是要避免"死黑"现象，合理减少曝光补偿，使画面的暗部细节保留一定的细节，画面的层次感会更好。

↑ 特意营造的黑背景效果

↑ 适当减少曝光补偿，使暗部有一定的细节不至于一片黑（焦距：24mm｜光圈：F12｜快门速度：1/50s｜感光度：ISO100）

白加黑减的经验化应用

前面介绍曝光补偿时，讲解了如何根据明暗比例来设置曝光补偿，但估计场景的明暗比例毕竟是一件有技术含量的工作。

下面介绍一些由丰富经验的摄影师总结出来的曝光补偿使用经验，以供各位读者设置曝光补偿值时参考。

拍摄高调画面或者白色、明亮物体时，至少要增加 1 挡曝光补偿。

拍摄低调画面或黑色、暗色的物体时，至少要减少 1 挡曝光补偿。

在拍摄场景的反差较大时，要拍摄阴影部分的重要细节，需增加 2 挡曝光补偿。

如果被摄主体的背景很暗，并且比主体大得多时，至少要减少 1 挡曝光补偿。

如果明暗比例为 1：1，则无须进行曝光补偿，用评价测光就能够获得准确的曝光。

如果明暗比例为 1：2，应该做 −0.3 挡曝光补偿；如果明暗比例是 2：1，则应该做 +0.3 挡曝光补偿。

如果明暗比例为 1：3，应该做 −0.7 挡曝光补偿；如果明暗比例是 3：1，则应该做 +0.7 挡曝光补偿。

如果明暗比例为 1：4，应该做 −1 挡曝光补偿；如果明暗比例是 4：1，则应该做 +1 挡曝光补偿。

↑ 明暗比例为 1：1 的照片（焦距：50mm ┊光圈：F8 ┊快门速度：1/100s ┊感光度：ISO400）

↑ 明暗比例为 4：1 的照片（焦距：35mm ┊光圈：F5 ┊快门速度：1/250s ┊感光度：ISO100）

↑ 明暗比例为 1：4 的照片（焦距：50mm ┊光圈：F3.2 ┊快门速度：1/160s ┊感光度：ISO200）

↑ 明暗比例为 1：2 的照片（焦距：100mm ┊光圈：F12 ┊快门速度：1/640s ┊感光度：ISO200）

逆光下如何设置曝光补偿

逆光是拍摄对象背面的光源，往往会使背景变得很亮，而拍摄对象正面会很暗。这种情况下，可以合理增加曝光补偿，来改善拍摄主体的亮度，这种方法在拍摄美女、儿童及花卉等题材时，经常使用。

逆光拍摄时增加曝光补偿的另一个用处是，如果拍摄场景中的背景比较乱，可以设置大光圈使背景虚化，然后再适当增加曝光补偿，可以进一步减少杂乱的感觉。

◀ 标准曝光拍摄的逆光儿童照片，虽然虚化了背景，但背景稍微显乱（焦距：85mm｜光圈：F2.8｜快门速度：1/800s｜感光度：ISO100）

◀ 增加曝光补偿后的画面，背景和小孩都明亮了许多，背景杂乱的感觉要少一些（焦距：85mm｜光圈：F2.8｜快门速度：1/900s｜感光度：ISO100）

顺光和斜侧光如何设置曝光补偿

顺光和斜侧光也是拍摄时常见的光源，在顺光下拍摄风景，色彩会很鲜明，但如果拍摄人物，太阳照射到的区域会很亮，而太阳没照射到的区域会有浓烈的阴影，所以容易出现死白或死黑现象，而斜侧光则会为拍摄对象的轮廓营造出阴影，能体现出立体感，但同样存在强烈的明暗对比。

针对这两类光源，在拍摄时可以根据需要做出各种尝试，一般用标准曝光就可以拍出很漂亮的效果，如果要增加曝光补偿，则要以高光的曝光合适为原则，过度增加曝光补偿，高光区域就会太大，会造成死白。如果减少曝光补偿，则可以在营造高光的同时表现出强有力的厚重感。

◀ 顺光拍摄，并减少曝光补偿，使画面的色彩更为厚重（焦距：18mm ┆ 光圈：F8 ┆ 快门速度：1/320s ┆ 感光度：ISO100）

◀ 为了拍出荷花的明亮感，适当增加了曝光补偿（焦距：200mm ┆ 光圈：F5.6 ┆ 快门速度：1/1000s ┆ 感光度：ISO200）

利用曝光锁定功能锁定曝光值

利用曝光锁定功能可以在测光期间锁定曝光值。此功能的作用是，允许摄影师针对某一个特定区域进行对焦，而对另一个区域进行测光，从而拍摄出曝光正常的照片。

使用曝光锁定功能的方便之处在于，即使我们松开半按快门的手，重新进行对焦、构图，只要按住曝光锁定按钮，那么相机还是会以刚才锁定的曝光参数进行曝光。

下面以佳能R5相机为例，讲解一下进行曝光锁定的操作方法。

↑ 佳能 R5 相机的曝光锁定按钮

❶ 对选定区域进行测光，如果该区域在画面中所占比例很小，则应靠近被摄物体，使其充满取景器的中央区域。

❷ 半按快门，此时在取景器中会显示一组光圈和快门速度组合数据。

↑ 尼康 Z8 相机按下相机背面的副选择器中央即可锁定曝光

❸ 释放快门，按下曝光锁定按钮✳，相机会记住刚刚得到的曝光值。

❹ 重新取景构图、对焦，完全按下快门即可完成拍摄。

↑ 索尼 α7S Ⅲ 的曝光锁定按钮

↑ 先对人物的面部进行测光，锁定曝光并重新构图后再进行拍摄，从而保证面部获得正确的曝光（焦距：135mm ┊光圈：F4 ┊快门速度：1/400s ┊感光度：ISO100）

↑ 使用长焦镜头对人物面部进行测光示意图

用好闪光灯控制曝光

使用夜景人像模式同时表现人物和环境

各大品牌的大部分相机都有提供夜景人像模式，只是名称有所不同。例如，在索尼微单相机的智能自动模式中为"夜景肖像👥"，在佳能微单相机的智能自动模式中，虽然没有称为夜景肖像，但是其"使用三脚架"模式，在使用三脚架在黑暗环境下拍摄人像时，会显示🎑。

在夜景人像模式下，不必去考虑复杂的曝光补偿，相机能够自动地同时拍好人物和夜景。该模式能使人物根据闪光灯的发光来曝光，同时又使背景按慢速快门来曝光。需要注意的是，使用此模式拍摄需要使用三脚架来防止手抖，另外，闪光灯发光后，背景部分仍处于曝光过程之中，因此模特不能有任何动作。

➡ 使用夜景人像模式拍摄，得到人物与背景都比较明亮的效果（焦距：50mm ┊ 光圈：F4 ┊ 快门速度：1/50s ┊ 感光度：ISO1000）

调整闪光补偿

使用闪光灯拍摄时，也必须把握好光线状况，不合适的光量往往会出现曝光过度或曝光不足的情况。在进行闪光拍摄时，同样可以根据拍摄者的意图和感觉进行补偿，补偿的方法除了曝光补偿外，还可以调整闪光补偿。

曝光补偿在拍摄夜景人像时，是整体改变画面的亮度，而闪光补偿是调节闪光灯发光量的一种功能。增加闪光补偿，闪光灯发出的光亮越大；减少闪光补偿，则闪光灯发出的光亮减少。闪光灯发出的光，主要是照亮人物主体，所以调整闪光补偿能够较为细腻地调整人物的亮度。

➡ 适当减少闪光补偿，使人物与环境更好地融合（焦距：35mm ┊ 光圈：F3.5 ┊ 快门速度：1/60s ┊ 感光度：ISO500）

利用中灰渐变镜平衡画面曝光

认识渐变镜

在慢门摄影中，当在日出、日落等明暗反差较大的环境拍摄慢速水流效果的画面时，如果不安装中灰渐变镜，直接对地面景物进行长时间曝光，按地面景物的亮度进行测光并进行曝光，天空就会失去所有细节。

要解决这个问题，最好的选择就是用中灰渐变镜来平衡天空与地面的亮度。

渐变镜又被人们称为GND（Gradient Neutral Density）镜，是一种一半透光、一半阻光的滤镜，在色彩上也有很多选择，如蓝色和茶色等。

在所有的渐变镜中，最常用的是中性灰色的渐变镜。

拍摄时，可将中灰渐变镜上较暗的一侧安排在画面中天空的部分。由于深色端有较强的阻光效果，因此可以减少进入相机的光线，从而保证在相同的曝光时间内，画面上较亮的区域进光量少，与较暗的区域在总体曝光量上趋于相同，使天空层次更为丰富，而地面上的景观也不至于黑成一团。

↑ 1.3s 的长时间曝光使海岸礁石拥有丰富的细节，中灰渐变镜则保证天空不会过曝，并且得到了海面雾化的效果（焦距：35mm ┆ 光圈：F16 ┆ 快门速度：1.3s ┆ 感光度：ISO100）

中灰渐变镜的形状

中灰渐变镜有圆形与方形两种。圆形中灰渐变镜是直接安装在镜头上的，使用起来比较方便，但由于渐变是不可调节的，因此只能拍摄天空约占画面50%的照片。方形中灰渐变镜的优点是可以根据构图的需要调整渐变的位置，且可以叠加使用多个中灰渐变镜。

↑ 不同形状的中灰渐变镜　　　↑ 安装多片渐变镜的效果

中灰渐变镜的挡位

中灰渐变镜分为GND0.3、GND0.6、GND0.9、GND1.2等不同的挡位，分别代表深色端和透明端的挡位相差1挡、2挡、3挡及4挡。

硬渐变与软渐变

根据中灰渐变镜的渐变类型，可以分为软渐变（GND）与硬渐变（H-GND）两种。

软渐变镜40%为全透明，中间35%为渐变过渡，顶部的25%区域颜色最深，当拍摄场景中天空与地面过渡部分不规则，如有山脉或建筑、树木时使用。

硬渐变的镜片，一半透明，一半为中灰色，两者之间有少许过渡区域，常用于拍摄海平面、地平面与天空分界线等非常明显的场景。

如何选择中灰渐变镜挡位

在使用中灰渐变镜拍摄时，先分别对画面亮处（即需要使用中灰渐变镜深色端覆盖的区域）和要保留细节处测光（即渐变镜透明端覆盖的区域），计算出这两个区域的曝光相差等级，如果两者相差1挡，那么就选择0.3的镜片；如果两者相差2挡，那么就选择0.6的镜片，依次类推。

镜头接圈　　　　　CPL 滤镜　　支架主体

↑ 方形中灰渐变镜的安装方式　　↑ 在托架上安装方形中灰渐变镜后的相机

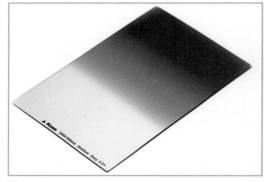

↑ 软渐变镜

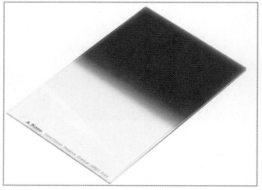

↑ 硬渐变镜

如何搭配选购中灰渐变镜

如果购买 1 片，建议选 GND 0.6 或 GND0.9。

如果购买 2 片，建议选 GND0.6 与 GND0.9 两片组合，可以通过组合使用覆盖 2~5 挡曝光。

如果购买 3 片，可选择软 GND0.6+ 软 GND0.9+ 硬 GND0.9。

如果购买 4 片，建议选择 GND0.6+ 软 GND0.9+ 硬 GND0.9+GND0.9 反向渐变，硬边用于海边拍摄，反向渐变用于日出和日落拍摄。

使用中灰渐变镜改善大光比场景

在天空与地面或水面光比过大的情况下，中灰渐变镜几乎是唯一可确保较亮的天空与较暗的地面、水面曝光正常的滤镜。

在没有使用中灰渐变镜的情况下，如果希望天空曝光正常，则较暗的地面势必会成为一片无细节黑；如果要确保较暗的地面部分曝光正常，则较亮的天空势必成为一片无细节的白色。

此时，如果将中灰渐变镜深色端覆盖在天空位置进行拍摄，则由于可以减少较明亮的天空区域进入相机的光线，天空与地面便能够同时得到正常曝光。

◀ 为了保证画面中的云彩获得正常的曝光，并表现出丰富的建筑细节，使用了方形中灰渐变镜对天空进行减光处理（焦距：20mm ┊ 光圈：F9 ┊ 快门速度：1/60s ┊ 感光度：ISO100）

利用自动包围曝光功能提高拍摄成功率

包围曝光是指通过设置一定的曝光变化范围，然后分别拍摄曝光不足、曝光正常与曝光过度3张照片的拍摄技法。例如，将其设置为±1EV时，即代表分别拍摄减少1挡曝光、正常曝光和增加1挡曝光的照片，从而兼顾画面的高光、中间调及暗部区域的细节。佳能相机支持在±2EV之间以1/3EV为单位调节包围曝光，此功能在索尼相机中被称为阶段曝光，支持选择3张、5张和9张拍摄，在尼康相机中被称为包围曝光，支持在±3EV之间以1/3EV为单位调节包围曝光。

什么情况下应该使用包围曝光

如果拍摄现场的光线很难把握，或者拍摄的时间很短暂，为了避免曝光不准确而失去这次难得的拍摄机会，可以使用包围曝光功能来确保万无一失。此时可以设置包围曝光，使相机针对同一场景连续拍摄出三张曝光量略有差异的照片。每一张照片曝光量具体相差多少，可由摄影师自己确定。在具体拍摄过程中，摄影师无须调整曝光量，相机将根据设置自动在第一张照片的基础上增加、减少一定的曝光量拍摄出另外两张照片。

按此方法拍摄出来的三张照片中，总会有一张是曝光相对准确的照片，因此使用包围曝光能够提高拍摄的成功率。

↑ 在不确定要增加曝光还是减少曝光的情况下，可以设置±0.3EV的包围曝光，连续拍摄得到三张曝光量分别为+0.3EV、−0.3EV、0EV的照片。其中，−0.3EV的效果明显更好一些，在细节和曝光方面获得了较好的平衡

自动包围曝光设置

默认情况下，使用包围曝光可以拍摄3张照片（按3次快门或使用连拍功能），得到增加曝光量、正常曝光量和减少曝光量三种不同曝光结果的照片。

佳能R5相机设置步骤

❶ 在**拍摄菜单2**中选择**曝光补偿/AEB**选项

❷ 点击■或■图标设置曝光补偿量，并以此为基础设置包围曝光的曝光量

❸ 点击■或■图标设置自动包围曝光值，设置完成后，点击 SET OK 图标确定

尼康Z8相机设置步骤

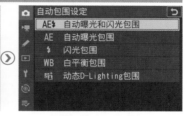

❶ 在**照片拍摄**菜单中点击**自动包围**选项

❷ 点击选择**自动包围设定**选项

❸ 点击选择一种自动包围方式。然后返回步骤❷界面再设置拍摄张数和增量

索尼α7SⅢ相机设置步骤

按控制轮上的拍摄模式按钮 ⓧ/ᓈ，然后按▲或▼方向键选择单拍或连拍阶段曝光模式，再按◀或▶方向键选择曝光量和张数选项

通过直方图判断曝光是否准确

直方图的作用

直方图是相机曝光时所捕获的影像色彩或影调的信息，是一种能够反映照片曝光情况的图示。通过查看直方图呈现的信息，拍摄者可以判断曝光情况，并以此做出相应调整，从而得到最佳曝光效果。另外，采用即时取景模式拍摄时，查看直方图可以检测画面的成像效果，给拍摄者提供重要的曝光信息。

很多摄影师都会陷入一个误区，在显示屏上看到的影像很棒，便以为真正的曝光结果也会不错，但事实并非如此。这是由于很多相机的显示屏处于出厂时的默认状态，显示屏的对比度和亮度都比较高，使摄影师误以为拍摄到的影像很漂亮，倘若不看直方图，往往会感觉画面的曝光刚好合适。但在计算机屏幕上观看时，却发现在相机上查看时感觉还不错的画面，暗部层次却丢失了，即使使用后期处理软件挽回了部分细节，效果也不是太好。

因此，在拍摄时要随时查看照片的直方图，这是唯一一个值得信赖的判断照片曝光是否正确的依据。

佳能 R5 相机直方图设置方法1：在拍摄时若要显示直方图，通过连续按INFO按钮直至切换到直方图显示界面

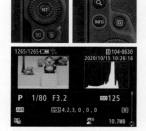

佳能 R5 相机直方图设置方法2：按播放按钮并转动速控转盘选择照片，然后按INFO按钮切换至拍摄信息显示界面，即可查看照片的直方图，按▼方向键可以查看RGB直方图

索尼 α7S Ⅲ 相机直方图设置方法：在拍摄时要想显示柱状图，可按 DISP 按钮直至显示柱状图界面

索尼 α7S Ⅲ 相机直方图设置方法2：在机身上按▶按钮播放照片，然后按 DISP 按钮直至显示柱状图界面

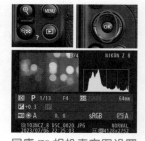

尼康 Z8 相机直方图设置方法：在机身上按下▶按钮播放照片，按▼或▲方向键或按 DISP 按钮切换到概览数据或 RGB 直方图界面

提示：直方图只是评价照片曝光是否准确的重要依据，而不是评价照片优劣的依据。在特殊的表现形式下，曝光过度或曝光不足都可以呈现出独特的视觉效果，因此不能以此作为评价照片优劣的标准。

利用直方图分区判断曝光情况

下面这张图标示出了直方图的每个分区和图像亮度之间的关系，像素堆积在直方图左侧或者右侧的边缘，意味着部分图像超出了直方图范围。其中右侧边缘出现黑色线条表示照片中有部分像素曝光过度，摄影师需要根据情况调整曝光参数，以避免照片中出现大面积曝光过度的区域。如果第8分区或者更高的分区有大量黑色线条，代表图像有部分较亮的高光区域，而且这些区域有细节。

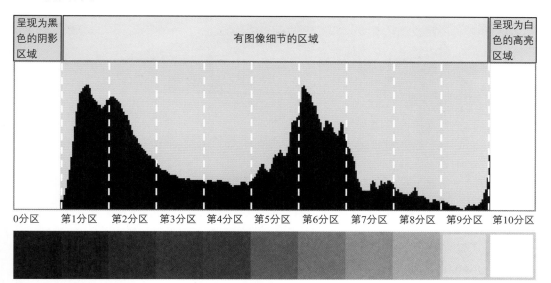

↑ 数码相机的区域系统

分区序号	说明	分区序号	说明
0分区	黑色	第6分区	色调较亮、色彩柔和
第1分区	接近黑色	第7分区	明亮、有质感，但是色彩有些苍白
第2分区	有些许细节	第8分区	有少许细节，但基本上呈模糊、苍白的状态
第3分区	灰暗、细节呈现效果不错，但色彩比较模糊	第9分区	接近白色
第4分区	色调和色彩都比较暗	第10分区	纯白色
第5分区	中间色调、中间色彩		

↑ 直方图分区说明表

需要注意的是，0分区和第10分区分别代表黑色和白色，虽然在直方图中的区域大小与第1~9区相同，但实际上它只是代表直方图最左边（黑色）和最右边（白色），没有限定的边界。

认识三种典型的直方图

直方图的横轴表示亮度等级（从左至右对应从黑到白）；纵轴表示图像中各种亮度像素数量的多少，峰值越高，表示这个亮度的像素数量越多。

所以，拍摄者可以通过观看直方图的显示状态来判断照片的曝光情况。若出现曝光不足或曝光过度，调整曝光参数后再进行拍摄，即可获得一张曝光准确的照片。

↑ 曝光过度

曝光过度的直方图

当照片曝光过度时，画面中会出现大片白色的区域，很多细节都已丢失，反映在直方图上就是像素主要集中于横轴的右端（最亮处），并出现像素溢出现象，即高光溢出；而左侧较暗的区域则没有像素分布，因而该照片在后期无法补救。

曝光准确的直方图

当照片曝光准确时，画面的影调较为均匀，且高光、暗部和阴影处均没有细节丢失，反映在直方图上就是，在整个横轴上从左端（最暗处）到右端（最亮处）都有像素分布，后期可调整的余地较大。

↑ 曝光准确

曝光不足的直方图

当照片曝光不足时，画面中会出现没有细节的黑色区域，丢失了过多暗部细节，反映在直方图上就是，像素主要集中于横轴的左端（最暗处），并出现像素溢出现象，即暗部溢出，而右侧较亮区域少有像素分布，故该照片在后期也无法补救。

↑ 曝光不足

辩证地分析直方图

在使用直方图判断照片的曝光情况时，不能生搬硬套前面讲述的理论。因为高调或低调照片的直方图看上去与曝光过度或曝光不足的直方图十分类似，但照片并非曝光过度或曝光不足，这一点从右边及下面展示的两张照片及其相应的直方图中就可以看出来。

因此，检查直方图后，要根据具体拍摄题材和想要表现的画面效果灵活调整曝光参数。

↑ 直方图中的线条主要分布在右侧，但这幅作品是典型的高调人像照片，所以应与其他曝光过度照片的直方图区别看待（焦距：50mm ┊ 光圈：F3.5 ┊ 快门速度：1/1000s ┊ 感光度：ISO200）

↑ 这是一幅典型的低调效果照片，画面中的暗调面积较大，直方图中的线条主要分布在左侧，但这是摄影师刻意追求的效果，与曝光不足有本质上的不同（焦距：35mm ┊ 光圈：F8 ┊ 快门速度：10s ┊ 感光度：ISO100）

RGB 直方图

直方图可以分为亮度直方图和 RGB 直方图，前面内容讲的都是亮度直方图。在 RGB 直方图中，分为 R（红色）、G（绿色）、B（蓝色）三种颜色，用户可以通过 RGB 直方图来了解图像的颜色比例、曝光程度和色彩饱和度。

例如，在拍摄红花时，红色（R）的直方图中的像素会比绿色（G）和蓝色（B）多，与亮度直方图一样，越亮的时候像素就越往右集中，反之也一样。如果红色（R）中的大部分像素都集中在直方图的右侧，说明红色可能过度曝光；如果大部分像素都集中在左侧，说明红色可能曝光不足。

通过查看 RGB 直方图，还可以知道图像的色彩饱和度。在直方图中，饱和度越高，颜色像素越往直方图的右侧聚集，而饱和度越低，色像素越往直方图的左侧聚集，如右图所示。在直方图中，会根据色彩亮度的顺序排列，浅色会靠近右边，深色会靠近左边，比如白色的亮度高，而红色的亮度低，在查看 RGB 直方图时，红色会更加靠近左边。此规律变化在拍摄颜色分明的对象时，拍摄者通过直方图可以更好地了解色彩的分布和混合情况。

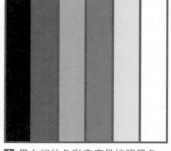

↑ 黑白间的色彩亮度是按照黑色、红色、橙色、蓝色、黄色、白色的顺序排列的

↑ 拍摄色彩比较丰富的画面时，可以看到直方图中波峰的数量较多，这是因为色彩种类增加，因此像素形成的波峰也增加（焦距：200mm ┊ 光圈：F8 ┊ 快门速度：1/640s ┊ 感光度：ISO320）

结合直方图和高光警告功能了解曝光情况

如果在查看照片的直方图时，发现直方图右边出现溢出，就认为这张照片既然出现了"死白"，那么肯定曝光不行，这样你就误解了，实际上还是要根据拍摄需要，确认出现"死白"的区域是否影响画面。

例如，在逆光下拍摄时，照片中的某些部分拍成一片雪白，即"死白"，但其实某一部分发生"死白"并不影响什么，只要主体没有曝光过度就可以，所以有必要确认是哪一部分发生了"死白"现象。

启用相机的高光警告功能后，在回放照片时，照片中的过白或死黑部分会出现黑色闪烁，提示拍摄者照片中的哪些区域发生了"死白"或"死黑"现象，用好高光警告和直方图功能，能够更好地减少在曝光方面出现较大的失误。

要显示高光警告，根据相机品牌的不同，显示的方法也有所不同，在佳能相机中需要启用"高光警告"菜单，然后才可以在回放时显示高光警告，在尼康相机中，需要先在"播放显示选项"中勾选"加亮显示"选项，然后才可以在回放时显示高光警告，而在索尼相机中，在回放照片时按DISP按钮，切换至柱状图显示，当画面中有曝光过度或曝光不足的区域，画面中相应区域的图像会闪烁。

佳能R5相机设定步骤

❶ 在**回放菜单5**中选择**高光警告**选项

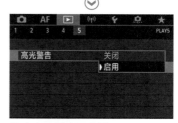

❷ 点击选择**启用**选项

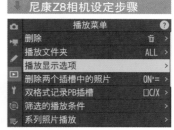

尼康Z8相机设定步骤

❶ 在**播放**菜单中点击**播放显示选项**

❷ 点击勾选加亮显示选项，选择完成后点击 MENU完成 图标确定

↑ 这张图的直方图左右都出现溢出，但其实不影响画面的整体氛围感（焦距：35mm｜光圈：F9｜快门速度：1/500s｜感光度：ISO250）

被人忽视的曝光策略

正常光比环境下向右曝光

许多摄影师在曝光时秉承着"宁欠勿曝"的宗旨进行参数设置，但如果了解了数码相机的 CCD 或 CMOS 感光元件计算光量、保存影调的方式后，就会改变这一曝光策略。

CCD和CMOS感光元件以线性的方式计算光量，大多数数码单反相机记录14比特的影像，在6挡下能够记录4096种影调值。但这些影调值在这6挡曝光设置中并不是均匀分布的，而是以每一挡记录前一挡一半的光量为原则记录光线的。

所以，一半影调值（2048）分给了最亮的一挡，余下影调值的一半（1024）分配给了下一挡，依次类推。结果6挡中的最后一挡，也

就是最暗一挡能够记录的影调值只有64种。所以，如果有意按曝光不足来保留高光区域的细节，反而有可能失去本来可以捕捉到的很大一部分数据。

根据上述理论，最好的曝光策略应该是"右侧曝光"，即使曝光设置尽量接近曝光过度，而实际上又不削弱高光区域细节的表现。在采用右侧曝光策略拍摄的照片柱状图中，大多数像素集中在中点右侧。

需要特别强调的是，这种曝光策略更适合使用RAW格式拍摄的照片。这样的照片看上去也许有些亮，但这很容易在后期处理时通过调整其亮度和对比度加以修正。

⬆ 采用右侧曝光策略拍摄的照片，高光部分略微曝光过度，使用专业的RAW格式照片处理软件调整后，画面显得更加透亮（焦距：60mm┊光圈：F14┊快门速度：1/60s┊感光度：ISO200）

大光比环境下宁欠勿曝

在正常光比环境下，相机的宽容度可以容纳大部分的明暗范围，因此，对于这种环境，通常建议尽量"向右曝光"，也就是尽量让照片的曝光偏向亮部，以保留更多的细节和颜色。

然而，当环境的光比过大，即最亮光线和最暗光线的亮度比值过高时，相机宽容度无法同时容纳所有的明暗范围。此时，如果仍然采用"向右曝光"策略，照片的高光部分可能会溢出，导致细节丢失。

因此，在大光比环境下，为了避免高光溢出和细节丢失，建议"宁欠勿曝"。也就是宁愿让照片欠曝，让直方图左侧溢出，也不要让照片过曝，让直方图右侧大量溢出。因为欠曝时，直方图左侧溢出的部分可以通过后期处理恢复更多的细节和颜色。

当然，无论是"向右曝光"还是"宁欠勿曝"，都需要注意适度原则，要根据实际情况灵活运用。

↑ 采用"向右曝光"拍摄的照片，增加了 1.5 挡曝光补偿，右侧是后期调修后的局部放大图，可以发现，画面暗部与高光的细节都比较好，噪点也不多

↑ 采用标准曝光拍摄的照片，右侧是后期调修后的局部放大图，可以发现画面有一些噪点

↑ 采用"宁欠勿曝"拍摄的照片，减少了 1.5 挡曝光补偿，右侧是后期调修后的局部放大图，会发现画面有一些噪点

拍摄大光比场景时利用动态范围功能优化曝光

根据光源和拍摄环境的不同，有时候死白和死黑是无法避免的，即使使用曝光补偿和手动模式也一样，但现在的数码相机都搭载了动态范围功能。动态范围是用于表示亮部与暗部之间层次范围的摄影术语，启用相机的动态范围功能拍摄，可以减少死黑和死白的现象，相机的图像传感器越大，动态范围就越大，所以全画幅相机的动态范围要优于 APS-C 画幅相机。

在动态范围菜单中，一般都能调整效果的强弱，可以根据拍摄场景选择高、低或自动等选项，不管是明暗差明显的逆光、黎明、傍晚还是夜景，各种拍摄场景，都可以使用动态范围功能来改善曝光。

例如，在直射明亮阳光下拍摄时，拍出的照片中容易出现较暗的阴影与较亮的高光区域，启用动态范围功能，可以确保所拍出照片中的高光区域和阴影区域的细节不会丢失。因为此功能会使照片的曝光稍欠一些，有助于防止照片的高光区域完全变白而显示不出任何细节，同时还能够避免因曝光不足而使阴影区域中的细节丢失。

根据相机品牌的不同，动态范围功能的名称也有所区别，在佳能相机中，被称为"自动亮度优化"，在索尼相机中被称为"动态范围优化"，在尼康相机中被称为"动态 D-Lighting"。

❶ 在**拍摄菜单2**中选择**自动亮度优化**选项

❷ 点击选择不同的优化强度，点击INFO图标可选中或取消选中**在M或B模式下关闭**选项，选择完成后点击 SET OK 图标确定

❶ 在**曝光 / 颜色菜单**中的第 6 页**颜色 / 色调**中，点击选择**动态范围优化**选项

❷ 点击选择优化等级，然后点击 OK 图标确定

❶ 在**照片拍摄**菜单中点击**动态D-Lighting**选项

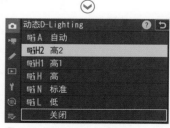

❷ 点击选择不同的校正强度

利用高光色调优先增加高光区域细节

　　佳能相机的"高光色调优先"功能可以有效增加高光区域的细节，使灰度与高光之间的过渡更加平滑。这是因为开启这一功能后，可以使拍摄时的动态范围从标准的18%灰度扩展到高光区域。

　　然而，使用该功能拍摄时，画面中的噪点可能会更加明显。以佳能R5相机为例，可以设置的ISO感光度范围也变为ISO200～ISO51200。

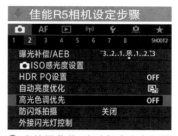

❶ 在**拍摄菜单2**中选择**高光色调优先**选项

❷ 点击选择**关闭**、**启用**或**增强**选项，然后点击 SET OK 图标确定

↑ 使用"高光色调优先"功能可将画面的过渡表现得更加自然、平滑（焦距：85mm｜光圈：F2.8｜快门速度：1/500s｜感光度：ISO400）

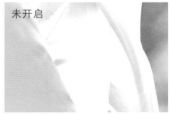

↑ 上面两幅图是启用"高光色调优先"功能前后拍摄的局部画面对比。可以看出，启用此功能后，可以很好地表现画面高光区域的细节

利用 HDR 功能得到完美曝光照片

什么是 HDR

HDR 的全称是 High Dynamic Range，即高动态范围图像。HDR 是一种图像处理技术，通过捕捉不同亮度的场景，将其合成一张具有更大动态范围和更丰富色彩层次的照片。

在普通拍摄时，相机会拍摄场景的单张曝光照片，这种方法在面对明暗反差较大的场景时，会导致图像丢失细节或者出现死白现象。

而 HDR 功能，可以一次拍摄标准曝光、曝光过度和曝光不足的三张照片，然后将这三张照片合成为一张理想的照片，它的优势在于，可以捕捉到场景中的所有细节和颜色，并增强了明暗对比度和色彩层次，因此，在拍摄晴天下的白云、逆光风景等很多场景中都很有效。

↑ 没有使用 HDR 功能拍摄的照片，可以看到天空没有多少细节

↑ 使用 HDR 功能拍摄的照片，不管是天空还是地面景物，都有丰富的细节和色彩

使用 HDR 功能的注意事项

如前所述，HDR 照片是三张照片合成的，因此，在使用 HDR 功能时需要注意一些事项。

首先，在进行 HDR 拍摄时，需要保证相机的稳定性。因为拍摄三张不同曝光的照片，需要相机的位置保持不变，防止因为相机的移动导致合成的效果不理想。使用三脚架配合快门线拍摄是最佳选择，如果拍摄时没有三脚架，至少也要保证相机放置在一个稳定的位置，然后使用相机的自拍定时功能，来避免手持拍摄的抖动问题。

其次，HDR 拍摄不适合拍摄运动中的对象。因为运动中的对象，会使三张照片中的对象位置不一致，使合成后的照片产生模糊和失真，所以 HDR 功能只适合拍摄自然风景或建筑物等静止对象。

再次，HDR 拍摄需要耗费较多的时间和存储空间。由于需要拍摄三张不同的照片并合并，因此拍摄时间和存储空间都会相应增加。

最后，HDR 功能只能应用于 JPEG 格式的照片，而无法应用于 RAW 格式的照片。

利用相机的 HDR 模式直接拍出 HDR 照片

佳能、尼康和索尼大部分型号的相机都提供了机内合成HDR功能，可以直接拍摄并合成HDR照片，而不需要后期进行合成，甚至还可以获得类似油画、浮雕画等特殊的影像效果。

下面以佳能R5相机为例，讲解佳能相机拍摄HDR照片需要设置的菜单项目。

调整动态范围

此菜单用于控制是否启用HDR模式，以及在开启此功能后的动态范围。

» 关闭 HDR：选择此选项，将禁用 HDR 模式。

» 自动：选择此选项，将由相机自动判断合适的动态范围，然后以适当的曝光增减量进行拍摄并合成。

» ±1 ~ ±3：选择 ±1、±2 或 ±3 选项，可以指定合成时的动态范围，即分别拍摄正常、增加和减少1/2/3挡曝光的图像，并进行合成。

> 提示：当启用了曝光补偿/AEB功能时，HDR模式不可用。

佳能R5相机设定步骤

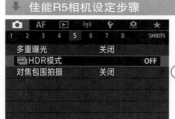

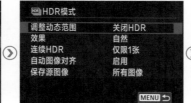

❶ 在**拍摄菜单5**中选择 **HDR模式**选项

❷ 点击选择**调整动态范围**选项

❸ 点击选择HDR的动态范围

效果

在此菜单中可以选择合成 HDR 图像时的影像效果，其中包括以下 5 个选项。

» 自然：选择此选项，可以在均匀显示画面暗调、中间调及高光区域图像的同时，保持画面为类似人眼观察到的视觉效果。

» 标准绘画风格：选择此选项，画面中的反差更大，色彩的饱和度也会比真实场景高一些。

» 浓艳绘画风格：选择此选项，画面中的反差与饱和度

佳能R5相机设定步骤

❶ 在**拍摄菜单5**中，选择 **HDR模式**中的**效果**选项

❷ 点击选择不同的合成效果，然后点击 SET OK 图标确定

都很高，尤其在色彩上显得更为鲜艳。

» 油画风格：选择此选项，画面的色彩比浓艳绘画风格更强烈。

» 浮雕画风格：选择此选项，画面的反差极大，在图像边缘的位置会产生明显的亮线，因而具有一种物体发出轮廓光的效果。

连续 HDR

在此选项中可以设置是否连续多次使用HDR模式。

» 仅限 1 张：选择此选项，将在拍摄完成一张 HDR 照片后，自动关闭此功能。

» 每张：选择此选项，将一直保持 HDR 模式的开启状态，直至摄影师手动将其关闭为止。

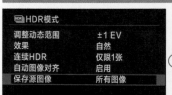

❶ 在**拍摄菜单5**的 📷**HDR模式**中，选择**连续HDR**选项

❷ 点击选择**仅限1张**或**每张**选项

自动图像对齐

在拍摄HDR照片时，即使使用连拍模式，也不能确保每张照片都是完全对齐的，手持相机拍摄时更容易出现图像之间错位的现象，此时可以在此选项中设置。

» 启用：选择此选项，在合成 HDR 图像时，相机会自动对齐各个图像，因此在拍摄 HDR 图像时，建议启用"自动图像对齐"功能。

❶ 在**拍摄菜单5**的 📷**HDR模式**中，选择**自动图像对齐**选项

❷ 点击选择**启用**或**关闭**选项

» 关闭：选择此选项，将关闭"自动图像对齐"功能，如果拍摄的 3 张照片中有位置偏差，则合成后的照片可能会出现重影。

保存源图像

在此菜单中可以设置是否将拍摄的多张不同曝光程度的单张照片也保存至存储卡中。

» 所有图像：选择此选项，相机会将所有的单张曝光照片及最终的合成结果全部保存到存储卡中。

» 仅限 HDR 图像：选择此选项，将不保存单张曝光的照片，仅保存 HDR 合成图像。

❶ 在**拍摄菜单5**的 📷**HDR模式**中，选择**保存源图像**选项

❷ 点击选择**所有图像**或**仅限HDR图像**选项

使用尼康Z8相机也可以直接拍摄HDR照片，其原理是分别拍摄增加曝光量及减少曝光量的图像，然后由相机进行合成，从而获得暗调与高光区域都能均匀显示细节的HDR效果照片。

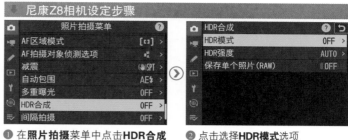

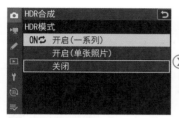

❶ 在**照片拍摄**菜单中点击**HDR合成**选项

❷ 点击选择**HDR模式**选项

❸ 点击选择所需选项

❹ 若在步骤❷中选择**HDR强度**选项，在此点击选择所需的强度选项

❺ 若选择**保存单个照片（RAW）**选项，点击使其处于ON开启状态

» HDR模式：用于设置是否开启及是否连续多次拍摄HDR照片。选择"开启（一系列）"选项，将一直保持HDR模式的打开状态，直至拍摄者手动将其关闭为止；选择"开启（单张照片）"选项，将在拍摄完成一张HDR照片后，自动关闭此功能；选择"关闭"选项，将会禁用HDR拍摄模式。

» HDR强度：用于控制HDR照片的强度。包括"自动""高+""高""标准""低"5个选项。若选择了"自动"，照相机将根据场景自动调整HDR强度。

» 保存单个图像（RAW）：选择"ON"选项，则用于HDR图像合成的单张照片都被保存。无论将图像品质和尺寸设置为何种类型，照片都将被保存为NEF（RAW）文件。选择"OFF"则不会保存单张照片，而只保存相机合成为HDR效果的照片。

使用索尼α7SⅢ相机直接拍摄HDR照片所要设置的菜单就相对简单了，先在"文件格式"菜单中设置为HEIF格式，在"JPEG/HEIF切换"菜单中设置为HEIF选项，然后启用"HLG静态影像"菜单就可以拍摄HDR照片了。

❶ 在**拍摄**菜单的第1页**影像质量**中，点击选择**HLG静态影像**选项

❷ 点击选择**开**选项

利用多重曝光获得蒙太奇画面

利用佳能或尼康相机的"多重曝光"功能，可以进行2~9次曝光拍摄，并将多次曝光拍摄的照片合并为一张图像。

提示：索尼相机暂时没有提供多重曝光功能。

开启或关闭多重曝光

此菜单用于控制是否启用"多重曝光"功能，以及启用此功能后是否可以在拍摄过程中对相机进行操作等。

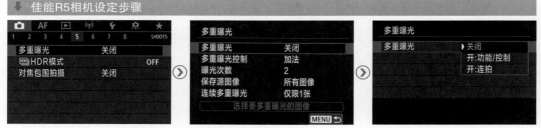

❶ 在**拍摄菜单5**中选择**多重曝光**选项

❷ 点击选择**多重曝光**选项

❸ 点击选择一个选项即可

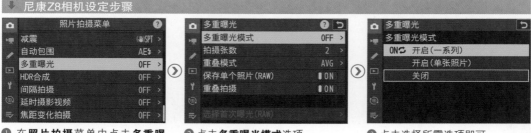

❶ 在**照片拍摄**菜单中点击**多重曝光**选项

❷ 点击**多重曝光模式**选项

❸ 点击选择所需选项即可

以下是佳能 R5 相机选项讲解，尼康相机的选项含义较为清楚，在此不做讲解。

» 关闭：选择此选项，则禁用"多重曝光"功能。

» 开（功能/控制）：选择此选项，将允许一边检查拍摄效果，一边逐步拍摄多重曝光。在连拍时比较方便，不过在连拍期间，连拍速度会显著下降。

» 开（连拍）：此选项较适合对动态对象进行多重曝光时使用，可以进行连拍。但无法执行观看菜单、拍摄后的图像确认、图像回放和取消最后一张图像等操作，并且拍摄的单张图像也会被弃用，而只保存多重曝光图像。

改变多重曝光照片的叠加合成方式

佳能 R5 相机在此菜单中可以选择合成多重曝光照片时的算法,包括"加法""平均""明亮""黑暗"4 个选项。

» 加法:选择此选项,每一次拍摄的单张曝光的照片会被叠加在一起。基于"曝光次数"设定负的曝光补偿,2 次曝光为—1 级,3 次曝光为—1.5 级,4 次曝光为—2 级。

» 平均:选择此选项,将在每次拍摄单张曝光的照片时,自动控制背景的曝光,以获得标准的曝光结果。

» 明亮:选择此选项,会将多次曝光结果中明亮的图像保留在照片中。例如在拍摄月亮时,选择此选项可以获得明月高悬于夜幕上空的画面。

» 黑暗:此选项的功能与"明亮"选项刚好相反,可以在拍摄时将多次曝光结果中暗调的图像保留下来。

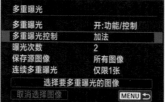

❶ 在**拍摄菜单5**中选择**多重曝光**选项,然后再选择**多重曝光控制**选项

❷ 点击可选择多重曝光的控制方式

❶ 在**照片拍摄**菜单中点击**多重曝光**选项,再点击**重叠模式**选项

❷ 点击选择多重曝光的控制方式

提示:在尼康Z8相机的多重曝光菜单中,可以选择"叠加""平均""亮化""暗化"4种重叠模式,虽然名称与佳能R5相机略有不同,但含义相近。

↑ 使用多重曝光功能得到超现实风格的照片

设置多重曝光次数

在此菜单中，可以设置多重曝光拍摄时的曝光次数，可以选择 2 ~ 9 张进行拍摄。通常情况下，2 ~ 3 次曝光就可以满足绝大部分的拍摄需求。

↓ 佳能R5相机设定步骤

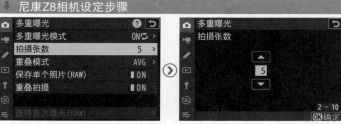

❶ 在**拍摄菜单5**中选择**多重曝光**选项，然后再选择**曝光次数**选项

❷ 点击 或 图标可选择不同的曝光次数，然后点击 SET OK 图标确定

提示：设置的张数越多，则合成的画面中产生的噪点也越多。

↓ 尼康Z8相机设定步骤

❶ 在**照片拍摄**菜单中点击**多重曝光**选项，然后点击**拍摄张数**选项

❷ 点击▲或▼图标选择所需的拍摄张数，然后点击 OK确定 图标确认

保存源图像

在此菜单中可以设置是否将多次曝光时的单张照片也保存至存储卡中。

» 所有图像：选择此选项，相机会将所有的单张曝光照片及最终的合成结果全部保存到存储卡中。

» 仅限结果：选择此选项，将不会保存单张照片，而仅保存最终的合成结果。

↓ 佳能R5相机设定步骤

❶ 在**拍摄菜单5**中选择**多重曝光**选项，然后再选择**保存源图像**选项

❷ 点击选择**所有图像**或**仅限结果**选项

↓ 尼康Z8相机设定步骤

❶ 在**照片拍摄**菜单中点击**多重曝光**选项，再点击**保存单个图像(RAW)**选项

❷ 点击使其处于ON开启的状态

用存储卡中的照片进行多重曝光

佳能和尼康相机允许从存储卡中选择一张照片，然后再通过拍摄的方式进行多重曝光，而选择的照片也会占用一次曝光次数。例如在设置曝光次数为3时，除了从存储卡中选择的照片外，还可以再拍摄两张照片用于多重曝光图像的合成。

佳能R5相机设定步骤

❶ 在**拍摄菜单5**中选择**多重曝光**选项，然后再选择**开：功能／控制**或**开：连拍**选项

❷ 点击选择**选择要多重曝光的图像**选项

❸ 从相机中选择一张用于合成的RAW照片

> 提示：只可以选择RAW图像，无法选择JPEG图像和HEIF图像。

尼康Z8相机设定步骤

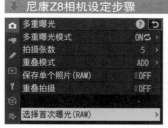

❶ 在**照片拍摄**菜单中点击**多重曝光**选项，然后点击**选择首次曝光（RAW）**选项

❷ 点击选择一张所需的照片，然后点击 OK确定 图标确认

连续多重曝光

佳能相机还可以设置是否连续多次使用"多重曝光"功能。

» 仅限1张：选择此选项，将在完成一次多重曝光拍摄后，自动关闭此功能。

» 连续：选择此选项，多重曝光功能将一直保持开启状态，直至摄影师手动将其关闭。

佳能R5相机设定步骤

❶ 在**拍摄菜单5**中选择**多重曝光**选项，然后再选择**连续多重曝光**选项

❷ 点击选择**仅限1张**或**连续**选项

重叠拍摄

尼康相机在"重叠拍摄"菜单中，若选择了"ON"选项，则在拍摄过程中，前一次拍摄的照片会显示在液晶显示屏中，并与当前构图取景相互叠加。

强烈建议开启此选项，以准确把握照片最终的合成效果。

❶ 在**照片拍摄**菜单中点击**多重曝光**选项，再点击**重叠拍摄**选项　　❷ 点击使其处于ON开启的状态

多重曝光的六大创意玩法

多重曝光的操作并不复杂，因此使用这个功能的重点在于拍摄思路与创意，本节总结了六类创意玩法，希望能够帮助读者打开思路，拍出更多有创意的照片。

同类叠加

同类叠加是指拍摄同样一个对象的不同位置、不同角度的几张照片进行多重曝光融合的手法。比如第一张照片拍摄一朵花，第二张照片再拍一朵花，然后不断地拍花，让花与花之间形成一个叠加融合，从而得到个性化的创意效果。

又如对准花丛拍摄几张照片，每张照片的位置上、下、左、右各自错位一点，就能得到类似印象派的效果。

当然，这种手法不局限于拍摄花卉，还可以尝试拍摄建筑、静物和人像等题材。

↑同类叠加多重曝光效果示意

明暗叠加

明暗叠加是指先拍一张画面明亮的照片，再拍一张画面暗淡的照片，然后将它们叠加融合到一起。

在拍摄夜景时可以应用这种手法，前景拍一张人物照片，背景拍摄一张灯光光斑照片，将两者融合就能得到不错的画面。又如经常见到的城市夜景与大月亮的多重曝光效果，也是此类手法的典型应用。

除此之外，在婚纱摄影中的人物剪影与各类背景相融合、人物的多个分身效果等，其实都是使用明暗叠加的手法拍摄出来的。

↑ 明暗叠加多重曝光效果示意

动静叠加

动静叠加是指先拍摄一张静止的照片（或者是定格瞬间的照片），再拍摄一张长时间曝光形成的有拖尾效果的动感照片，将这两者融合在一起得到的照片。

需要强调的是，为了让清晰的画面与"拖尾"效果的画面完美衔接，需要在拍摄时先想好具体的效果和位置。

↑ 动静叠加多重曝光效果示意

虚实叠加

虚实叠加是指首先拍一张准确对焦、画面清晰的照片，第二次拍摄时将相机调整为手动对焦，并拧动对焦环，使景物略微虚焦，将两张照片相融合即可得到梦幻、唯美的画面效果。还可以在此基础上配合改变焦距和拍摄角度，组合成更多精彩、唯美的画面。这种表现手法经常用于拍摄花卉、人像等题材。

 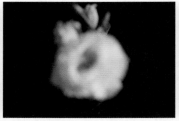 

↑ 第一次曝光　　　　　　　　↑ 第二次曝光　　　　　　　　↑ 最终效果

焦段叠加

例如，当在同一机位使用不同焦距进行拍摄时，先用中焦拍摄一张照片，再变焦到广角端或长焦端拍摄一张照片，由于被拍摄对象所占画面比例不同，即可拍出"大对象包小对象"的重影效果。当然，也可以使用定焦镜头，通过改变拍摄距离实现类似的效果。

纹理叠加

纹理叠加效果的多重曝光照片在网络上或摄影作品中经常见到。首先拍摄一个对象，如果对象是剪影效果，那么拍摄的纹理应该是明亮效果，这样叠加上去，纹理才会在剪影中显现出来。反之也一样。纹理的可选性非常多，如树、地面的图案、墙面的图案、砖纹等，只要是有纹理的对象都可以用作拍摄对象。

↑ 焦段叠加多重曝光效果示意

↑ 纹理叠加多重曝光效果示意

五大曝光模式详解

程序自动模式（P）

使用程序自动模式拍摄时，光圈大小和快门速度由相机自动控制，相机会自动给出不同的曝光组合，此时转动拨盘可以在相机给出的曝光组合中进行选择。除此之外，白平衡、ISO感光度、曝光补偿等参数也可以人为地进行调整。

通过对这些参数进行不同的设置，拍摄者可以得到不同效果的照片，而且无须考虑光圈和快门速度的数值就能获得较为准确的曝光。程序自动模式常用于拍摄新闻、纪实等需要抓拍的题材。

在该模式下，摄影师可以选择不同的快门速度与光圈组合，虽然光圈与快门速度的数值发生了变化，但这些快门速度与光圈组合都可以得到同样的曝光量。

佳能 R5 相机程序自动模式设置方法：按 MODE 按钮，然后转动主拨盘 选择 P 图标，即为程序自动模式。在 P 模式下，用户可以通过转动主拨盘 来选择快门速度和光圈的不同组合

尼康 Z8 相机程序自动模式设置方法：按住 MODE 按钮并旋转主指令拨盘选择 P，即为程序自动曝光模式。在程序自动曝光模式下，可以转动主指令拨盘选择所需的曝光组合

↑ 抓拍街头走过的路人时，使用程序自动模式进行拍摄很方便（焦距：150mm ┊ 光圈：F5.6 ┊ 快门速度：1/250s ┊ 感光度：ISO400）

索尼 α7S Ⅲ 相机程序自动模式设置方法：按住模式旋钮、解锁按钮并同时转动模式旋钮，使 P 图标对齐左侧的白色标志处，即为程序自动模式。在 P 模式下，曝光测光开启时，转动前 / 后转盘可选择快门速度和光圈的不同组合

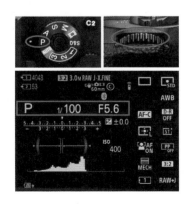

快门优先模式（S）

在快门优先模式下，一般可以转动拨盘在1/8000～30s的范围内选择所需的快门速度，然后相机会自动计算光圈的大小，以获得正确的曝光。

在拍摄时，快门速度需要根据被摄对象的运动速度及照片的表现形式（即凝固瞬间是清晰还是带有动感的模糊）来确定。要定格运动对象的瞬间，应该使用高速快门；反之，如果希望使运动对象在画面中表现为动感线条，应该使用低速快门。

提示：在尼康Z8相机中，用户可转动主指令拨盘从1/32000～30s选择所需快门速度。

↑ 使用较低的快门速度将水流拍出如丝绸般柔顺的效果（焦距：17mm ┊ 光圈：F16 ┊ 快门速度：5s ┊ 感光度：ISO100）

佳能R5相机快门优先模式设置方法：按MODE按钮，然后转动主拨盘△选择Tv图标，即为快门优先模式。在快门优先模式下，用户可以通过转动主拨盘△来选择快门速度值

尼康Z8相机快门优先模式设置方法：按住MODE按钮并旋转主指令拨盘选择S，即为快门优先曝光模式。在快门优先曝光模式下，转动主指令拨盘可以选择不同的快门速度

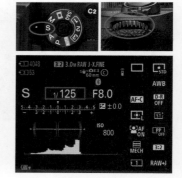

索尼α7S Ⅲ相机快门优先模式设置方法：按住模式旋钮解锁按钮并同时转动模式旋钮，使S图标对齐左侧的白色标志处，即为快门优先模式。在S模式下，可以转动前/后转盘调整快门速度值

光圈优先模式（A）

使用光圈优先模式拍摄时，摄影师可以转动拨盘，在镜头的最小光圈与最大光圈之间选择所需的光圈，相机会根据当前设置的光圈大小自动计算出合适的快门速度值。

光圈优先是摄影中使用最多的一种模式，使用该模式拍摄的最大优势是，可以控制画面的景深，为了获得更准确的曝光结果，经常和曝光补偿配合使用。

> 提示：使用光圈优先模式拍摄时，应注意以下两个方面：①当光圈过大而导致快门速度超出了相机极限时，如果仍然希望保持该光圈的大小，可以尝试降低ISO感光度数值，以保证曝光准确；②为了得到大景深而使用小光圈时，应该注意快门速度不能低于安全快门速度。

← 使用光圈优先模式并配合大光圈的运用，可以得到非常漂亮的背景虚化效果（焦距：50mm ┊ 光圈：F3.2 ┊ 快门速度：1/500s ┊ 感光度：ISO100）

佳能 R5 相机光圈优先模式设置方法：按 MODE 按钮，然后转动主拨盘🖝选择 Av 图标，即为光圈优先模式。在光圈优先模式下，用户可以通过转动主拨盘🖝来选择光圈值

尼康 Z8 相机光圈优先模式设置方法：按住 MODE 按钮并旋转主指令拨盘选择 A，即为光圈优先曝光模式。在光圈优先曝光模式下，转动副指令拨盘可以选择不同的光圈

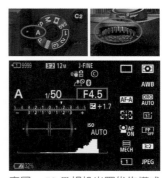

索尼 α7S Ⅲ 相机光圈优先模式设置方法：按住模式旋钮解锁按钮并同时转动模式旋钮，使A图标对齐左侧的白色标志处，即为光圈优先模式，在 A 模式下，转动前 / 后转盘可调整光圈值

手动模式（M）

在此模式下，相机的所有智能分析和计算功能将不工作，所有拍摄参数都需要摄影师手动设置。使用手动模式拍摄有以下两个优点。

首先，使用该模式拍摄时，当摄影师设置好恰当的光圈、快门速度数值后，即使移动镜头进行再次构图，光圈与快门速度的数值也不会发生变化，这一点不像其他曝光模式，在测光后需要进行曝光锁定，才可以进行再次构图。

其次，使用其他曝光模式拍摄时，往往需要根据场景的亮度，在测光后进行曝光补偿；而在手动模式下，由于光圈与快门速度的数值都是由摄影师来设定的，在设定时就可以将曝光补偿考虑在内，从而省略了曝光补偿的设置过程。因此，在手动模式下，摄影师可以按照自己的意愿让影像曝光不足，以使照片显得较暗，给人以忧伤的感觉；或者让影像稍微过曝，从而拍摄出画面明快的照片。

佳能R5相机手动模式设置方法：按MODE按钮，然后转动主拨盘☺选择M图标，即为手动模式。在手动曝光模式下，转动主拨盘☺可以调节快门速度值，转动速控转盘1○可以调节光圈值，转动速控转盘2☺可以调节感光度值

尼康Z8相机手动模式设置方法：按住MODE按钮并旋转主指令拨盘选择M，即为手动模式。在M挡手动模式下，转动主指令拨盘可以选择不同快门速度，转动副指令拨盘可以选择不同的光圈

索尼α7S III相机手动模式设置方法：按住模式旋钮锁定解除按钮并同时转动模式旋钮，使M图标对齐左侧的白色标志处，即为手动模式。在M模式下，转动后转盘可以调整快门速度值，转动前转盘可以调整光圈值

在取景器信息显示界面中改变光圈或快门速度时，曝光量标志会左右移动，当曝光量标志位于标准曝光量标志位置时，能够获得相对准确的曝光。

如果当前曝光量标志靠近左侧的"−"号，表明如果使用当前曝光组合拍摄，照片会偏暗（欠曝）；反之，如果当前曝光量标志靠近右侧的"+"号，表明如果使用当前曝光组合拍摄，照片会偏亮（过曝）。

在其他拍摄状态参数界面中，会在屏幕下方以+、−数值的形式显示，如果显示+2.0，表示采用当前曝光组合拍摄时，会过曝两挡；如果显示−2.0，则表示当前拍摄会欠曝两挡。

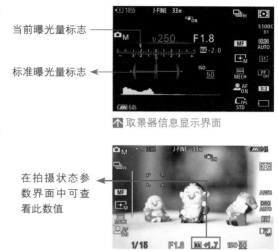

当前曝光量标志

标准曝光量标志

↑ 取景器信息显示界面

在拍摄状态参数界面中可查看此数值

↑ 拍摄状态参数界面

↓ 在室内拍摄人像时，由于光线、背景不变，所以使用手动模式（M）并设置好曝光参数后，就可以把注意力集中到模特的动作和表情上，拍摄将会变得更加轻松自如

（焦距：50mm ┊ 光圈：F7.1 ┊ 快门速度：1/125s ┊ 感光度：ISO200）

（焦距：50mm ┊ 光圈：F5.6 ┊ 快门速度：1/160s ┊ 感光度：ISO200）

B门模式

使用B门模式拍摄时，持续地完全按下快门按钮会使快门一直处于打开状态，松开快门按钮时快门会被关闭，从而完成整个曝光过程，因此曝光时间取决于快门按钮被按下与被释放的过程。

由于使用这种曝光模式拍摄时，可以实现长时间曝光，因此特别适合拍摄光绘、天体、焰火等需要长时间曝光并手动控制曝光时间的题材。

需要注意的是，使用B门模式拍摄时，为了避免长时间曝光而使相机抖动导致拍摄出来的照片模糊，应该使用脚架及遥控快门线辅助拍摄，若不具备这些条件，至少也要将相机放置在平稳的水平面上。

佳能R5相机B门模式设置方法：按MODE按钮，然后转动主拨盘选择BULB图标，即为B门曝光模式。在B门模式下，用户可以转动主拨盘选择光圈值

尼康Z8相机B门模式设置方法：先将曝光模式设置为M挡手动模式，然后向左转动主指令拨盘，直至显示屏显示的快门速度为Bulb（B门）

↑ 使用B门模式拍摄到了烟花绽放的画面（焦距：20mm ┊ 光圈：F10 ┊ 快门速度：30s ┊ 感光度：ISO200）

索尼α7S Ⅲ相机B门模式设置方法：在M手动模式下，向左转动后转盘直至快门速度显示为BULB，即为B门模式

第3章

光线的基本属性

了解光线的种类

自然光的特点

自然光是指日光、月光和天体光等天然光源发出的光线。自然光具有多变性，其造型效果会随着时间的改变而发生变化，主要表现在自然光的强度和方向等方面。

由于自然光是人们最熟悉的光线，所以在自然光下拍摄的人像照片会让观者感到非常自然、真实。但是，自然光不受人的控制，摄影师只能根据条件去适应。

虽然自然光不能从光的源头进行控制，但通过寻找物体加以遮挡或者寻找阴影处使用反射后的自然光，都是改变现有自然光条件很好的方法。风景、人像等多种题材均可以采用自然光拍摄以表现真实感。

↑ 采用夕阳的光线所营造出的美景浑然天成，金色的云彩与蓝色的天空构成一幅美不胜收的画面（焦距：30mm ┊ 光圈：F16 ┊ 快门速度：10s ┊ 感光度：ISO100 ）

↓ 光线充足的情况下，借助合适的场景与摆姿，很容易拍出漂亮的人像照片，站在桃树前的女孩一脸笑春风的模样看起来非常清新宜人（焦距：200mm ┊ 光圈：F3.2 ┊ 快门速度：1/200s ┊ 感光度：ISO100 ）

人造光的特点

　　"人造光"是指按照拍摄者的创作意图及艺术构思由照明器械所产生的光线，是一种使用单一或多光源分工照明完成统一光线造型任务的用光手段。

　　人造光的特点是，可以根据创作需要随时改变光线的投射方向、角度和强度等。使用人造光可以鲜明地塑造拍摄对象的形象，表现其立体形态及表面的纹理质感，展示拍摄对象微妙的内心世界和本质，真切地反映拍摄者的思想情感和创作意图，体现环境特征、时间概念和现场气氛等，再现生活中某种特定光线的照明效果，从而形成光线的语言。

　　人造光在摄影中的应用十分广泛，例如，婚纱摄影、广告摄影、人像摄影和静物摄影等。

◀ 利用人造光将手表的质感和特点表现得效果极佳，光滑的表壳结合背景厚重的色调使手表看起来十分高端、大气（焦距：50mm┆光圈：F5.6┆快门速度：1/250s┆感光度：ISO100）

◀ 可根据拍摄主题来进行室内人像布灯，从而得到新颖的人像画面（焦距：85mm┆光圈：F2.8┆快门速度：1/250s┆感光度：ISO100）

常见光的方向

顺光的画面特点

顺光也称"正面光"，是指光线的投射方向和拍摄方向相同的光线。在这样的光线下，被摄体受光均匀，景物没有大面积阴影，色彩饱和，能表现丰富的色彩效果。但由于没有明显的明暗反差，所以对层次和立体感的表现较差。

大多数情况下，使用相机的自动挡能够拍摄出不错的照片，掌握起来非常容易，因此风光摄影初学者多数喜欢在顺光下拍摄。而在顺光照射下的人物受光均匀，画面柔和自然，充满了真实感。为了弥补顺光立体感、空间感不足的缺点，拍摄时要尽可能地通过构图，使画面中的明暗相搭配，例如以深暗的主体景物配明亮的背景、前景，或反之。也可以运用不同景深对画面进行虚实处理，使主体景物在画面中更加突出。

↑ 顺光照射下可以看出模特脸上没有阴影，皮肤很白皙、细腻，画面看起来很明亮、清新（焦距：135mm ┊ 光圈：F3.5 ┊ 快门速度：1/200s ┊ 感光度：ISO180 ）

侧光的画面特点

当光线投射方向与相机拍摄方向呈 90°角时，这种光线即为"侧光"。侧光照射下，景物受光的一面在画面上构成明亮部分，不受光的一面形成阴影，在画面上，由于景物有明显的明暗对比，因此有了层次感和立体感，这种光线是风光摄影中运用较多的一种光线。

当景物处在侧光照射条件下时，景物轮廓鲜明，纹理清晰，黑白对比明显，色彩鲜艳，立体感强，前后景物的空间感也比较强，运用这种光源进行拍摄，最容易拍出好的效果。

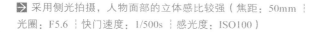 采用侧光拍摄，人物面部的立体感比较强（焦距：50mm ┆ 光圈：F5.6 ┆ 快门速度：1/500s ┆ 感光度：ISO100）

前侧光的画面特点

投射的方向与镜头光轴的方向呈水平 45°左右角的光线称为前侧光。相对于纯粹的侧光，采用前侧光拍摄，能够使被摄体形成明显的主体感，且影调丰富，色调明快。因此，前侧光是一种比较富有表现力，也比较常用的光位。如果采用前侧光拍摄人物，一般多采用高位前侧光。高位前侧光在人物摄影中又被称为"三角光"，即在被摄人物的脸部形成倒三角形的光区，此外前侧光在静物、建筑等题材中的使用也较为广泛。

↑ 摄影师采用前侧光的角度拍摄的云雾雪山，由于雪山大面积处于受光面，因此画面显得很明亮，而小部分的背光面则增添了画面的层次感（焦距：300mm ┆ 光圈：F22 ┆ 快门速度：1/320s ┆ 感光度：ISO100）

逆光的画面特点

逆光是指，光线从拍摄对象的正后方投射，与拍摄方向相对的光线。因为能勾勒出被摄物体的亮度轮廓，所以又被称为轮廓光。用逆光拍摄景物时，被摄主体会因为曝光不足而失去细节，但轮廓线条却会被十分清晰地表现出来，从而产生漂亮的"剪影"效果。如果给主体补光，就能使被摄对象与背后的光反差不那么强烈，形成半剪影的效果，并可以捕捉到影像的细节，使画面表现得更丰富，形式美感更强。

↑ 逆光把人物的轮廓勾勒出来形成了剪影效果（焦距：100mm ┊ 光圈：F8 ┊ 快门速度：1/1000s ┊ 感光度：ISO100）

侧逆光的画面特点

侧逆光又称后侧光，是指光源从被摄对象的后侧方投射而来的光线。采用侧逆光拍摄可以使被摄对象同时产生侧光和逆光的效果。如果画面中包含的对象比较多，靠近光源方向的对象轮廓就会比较明显，而背向光源方向的对象则会有较深的阴影，这样一来，画面中就会呈现出明显的明暗反差，产生较强的立体感和空间感，应用在人像摄影中能产生与背景分离的效果。

↑ 侧逆光是山景摄影中常用到的光线之一，能很好地表现出山峦的轮廓线（焦距：200mm ┊ 光圈：F10 ┊ 快门速度：1/800s ┊ 感光度：ISO100）

顶光的画面特点

顶光是指照射光线来自于被摄体的上方，与拍摄方向成 90° 夹角，是戏剧用光的一种，在摄影中单独使用的情况不多。尤其在拍摄人像时，会在被摄对象的眉弓、鼻底及下颌等处形成明显的阴影，不利于表现被摄人物的美感。但顶光善于表现景物的上下层次，如风光画面中的高塔、亭台或茂密的树林等，会被照射出明显的明暗层次。

在自然界中，亮度适宜的顶光可以为画面带来饱和的色彩、均匀的光影分布及丰富的画面细节。

↑ 顶光照射下的画面影调明亮、颜色饱和（焦距：30mm ┆ 光圈：F20 ┆ 快门速度：1/500s ┆ 感光度：ISO100）

了解直射光与散射光的特点

直射光的画面特点

当光线没有经过任何遮挡直接照射到被摄对象上时，被摄体受光的一面会产生明亮的影调，而不直接受光的一面就会产生明显的阴影，这种光线就是直射光。

直射光照射下的对象会产生明显的亮面、暗面与投影，所以会表现出强烈的明暗对比，有利于突出拍摄对象清晰的轮廓形态，是表现拍摄对象立体感的有效光线。在直射光下进行拍摄，通常会采用反光板为暗部补光，这样拍出来的照片的画面效果会更加自然。

而当直射光从侧面照射被摄对象时，则有利于表现被摄体的结构和质感，因此也是建筑摄影、风光摄影的常用光线之一。

↑ 在直射光照射下，建筑物的受光区域与阴影区域形成强烈的对比，突出了其特色的造型结构（焦距：20mm｜光圈：F9｜快门速度：1/500s｜感光度：ISO100）

散射光的画面特点

散射光是指没有明确照射方向的光，例如阴天、雾天时的天空光，或者添加柔光罩的灯光，水面、墙面、地面反射的光线也是典型的散射光。散射光的特点是照射均匀，被摄体明暗反差小，影调平淡柔和，能较为理想地呈现出细腻且丰富的质感和层次。与此同时，也会带来被摄对象体积感不足的负面影响。

根据散射光的特点，在人像拍摄中常被用来表现女性柔和、温婉的气质和娇嫩的皮肤质感。

↑ 由于散射光下不会产生厚重的阴影，因此很适合表现女孩子，明亮、柔和的画面和女孩甜美的气质很相符（焦距：50mm｜光圈：F2.8｜快门速度：1/200s｜感光度：ISO100）

光线的光比

　　光比是指景物主要部位的受光面与背光面的亮度比值。通常光比大的画面反差也大，明暗对比明显的画面给人的感觉很明朗，适合表现硬朗、粗糙的景物，如山峦、建筑和沙漠等；光比小的画面反差小，明暗对比不明显的画面给人以柔和的感觉，适合表现柔美的景物，如花卉、雾景和树林等。

　　在摄影中恰当地通过技术手段运用光比，可以为照片塑造不同的个性。例如在拍摄人像时，运用大小光比，可有效地表达被摄体的"刚"与"柔"的特性。拍女性、儿童时常用小光比以展现其"柔"的一面；拍男性时常用大光比以展现其"刚"的一面。当然，也可以用大光比来拍摄女性，以强化人物性格或神秘感。

对比强烈的大光比画面

　　在直射光线的照射下，受光面与阴影可以形成明暗对比强烈的大光比画面。在摄影中，常将阴影纳入画面中，形成明暗对比效果，以更好地表现画面中物体的高低起伏效果。

◄ 逆光拍摄时使用点测光对天空进行测光，得到剪影效果的人像，金色的光晕为画面增添了浪漫的感觉（焦距：200mm ┊ 光圈：F4.5 ┊ 快门速度：1/800s ┊ 感光度：ISO100）

◄ 日出时的光比较大，画面中有明显的高光与阴影（焦距：16mm ┊ 光圈：F14 ┊ 快门速度：1/250s ┊ 感光度：ISO400）

对比和谐的小光比画面

由于小光比画面没有明显的受光面与背光面，画面的明暗对比较小，所以通常会给人一种祥和、安静的感觉。但是这样的画面又容易太过平淡。为了避免这种情况，在选择拍摄内容时就要多加注意。例如，在构图时可以在画面中安排颜色较明快或较鲜艳的陪体，如果是拍摄人像，则可以让模特身着较明快或较鲜艳的衣饰。

➡ 柔和的光线下，光比较小，画面非常柔和（焦距：60mm ┊ 光圈：F5 ┊ 快门速度：1/400s ┊ 感光度：ISO100）

➡ 由于在散射光下拍摄人像时，画面中没有阴影，因此女孩子的皮肤看起来十分光滑、细腻（焦距：85mm ┊ 光圈：F3.2 ┊ 快门速度：1/250s ┊ 感光度：ISO100）

不同时间段的自然光特点

清晨柔美的散射微光

"一日之计在于晨"，这句流传久远的谚语充分说明了早晨的重要性。在摄影世界这句话仍然成立，晨光是近似乎完美的珍贵光线。晨光的光线变化是最神奇的，它会经历拂晓时橙红色的日出光线和黎明时明快的柔美光线及清晨时灿烂的洁净光线，并且光线清澈明亮，是创作优秀作品的最佳拍摄时间之一。

晨光的纯净柔美，因为刚刚升起的太阳光线比较柔和，画面的光比不强烈，但是晨光转瞬即逝，一定要抓住这一宝贵的时间段拍摄。黎明柔和娇美的光线可能只会维持几分钟，在黎明之后太阳升起，光线也会随之变化成为清晨的光芒。这种光线带有金黄色，并且会制造出很长的阴影，画面也显得更加活泼、有朝气，适于表现有空间感的画面。

◀ 阳光从云层中射出，形成放射线条，且天空有着丰富的色彩变化，画面整体比较绚丽（焦距：20mm ┊ 光圈：F11 ┊ 快门速度：2s ┊ 感光度：ISO100）

◀ 日出时天空中呈现为紫红色调，与蓝色的海面形成对比，画面非常吸引人（焦距：16mm ┊ 光圈：F15 ┊ 快门速度：1/5s ┊ 感光度：ISO400）

正午猛烈的直射强光

中午前后的时间中，太阳自上而下直射地面，光线特别强烈，景物的投影很小或者完全没有，这时的空气湿度小，景物前后虚实感不明显，在色彩冷暖度和亮度上的对比小，除非以侧光的角度拍摄，否则画面中的景物缺少立体感与空间感，画面显得平淡、深度不够。

➡ 直射阳光的光线十分强烈，照射到的景物会产生强烈的反差，拍摄人像时就会产生浓重的阴影（焦距：85mm ┊ 光圈：F2.8 ┊ 快门速度：1/500s ┊ 感光度：ISO100 ）

夕阳温暖的斜射余晖

太阳落山时的光线与晨光一样，也是一种低角度照射的光，因此大多数被摄对象呈逆光效果，拍摄的景物会出现长长的投影，如果针对天空进行测光，还会使地面上的景物呈剪影效果。

通常在日落之时，光线的色温较低，拍摄出来的画面偏暖，适合表现夕阳静谧、温馨的感觉，为了加强这样的画面效果，可使用暖色滤镜，或是将白平衡设置成阴天模式。

⬆ 日落时逆光进行拍摄，画面呈现暖色调效果（焦距：24mm ┊ 光圈：F16 ┊ 快门速度：1/500s ┊ 感光度：ISO400 ）

炫目多彩的华灯初上

在夜幕即将降临时，恰好是华灯初上，而天空也没有完全变黑，呈现出幽静的蓝色，为画面提供了绝佳的表现条件。利用幽蓝的天空做背景，与绚丽的城市灯光相互衬托，使画面的色彩在整体上感觉更为均衡，此时拍摄的照片比入夜后全暗的夜空下拍摄的照片更为赏心悦目。

人物坐在马路中央，路上的光标正好对人物补光，而光线线条指示观者视线移到有余晖的天空，画面的整体氛围感比较好（焦距：28mm┆光圈：F9┆快门速度：1/50s┆感光度：ISO500）

夕阳落下山头，天空尚未完全变黑，但城市里的灯火已亮了起来，此时以俯视角度加广角镜头拍摄，夜幕下的城市看起来十分宽广、绚丽（焦距：15mm┆光圈：F14┆快门速度：2s┆感光度：ISO100）

不同天气状况的光线特点

阴天时的光线特点

　　阴天时的天空就像是一个柔光箱，能产生低反差、均匀的照明光线，并准确记录颜色，反映细节。在这样的天气拍摄的画面细节较丰富，色彩也更饱满。由于阴天时的天空没有细节，因而显得非常乏味，还会转移人们对主体的注意力，所以在构图时最好不要大面积地出现在画面中。同时为让画面看起来不显得脏，通常调整成阴天模式的白平衡，以还原正常的颜色。

◀ 女孩头上的紫色纱巾与阴天时的冷色调十分协调，画面透露着一股宁静的气氛（焦距：50mm ┆ 光圈：F2.8 ┆ 快门速度：1/100s ┆ 感光度：ISO100）

多云时的光线特点

　　当天空中的云层较厚时，穿过云层中的光线，肉眼看时非常美丽，拍摄下来却不尽如人意，为了突出光线的效果，通常使用较小的光圈，压暗光线周围的天空，并且根据当时光线的颜色将白平衡调整成相应的色调，这样拍摄出来的画面就很有感觉了。

◀ 摄影师拍下了乌云密布下的山景，低沉的画面将风雨将至的感觉表现得恰到好处（焦距：100mm ┆ 光圈：F10 ┆ 快门速度：1/125s ┆ 感光度：ISO500）

晴天时的光线特点

晴天可以说是光照最强烈的气候条件，光照方式均为直射方式，而且在不同的时段，其特性差异非常明显，例如在正午时分，光照强度达到最高，此时的光线也很不容易控制，而在日出日落前后，光线相对柔和，是风光摄影中最常用的光线类型之一。

↑ 晴天时拍摄的蓝天、白云和草地，看起来很通透、干净，一股大自然的清新感扑面而来（焦距：17mm ┊ 光圈：F20 ┊ 快门速度：1/500s ┊ 感光度：ISO100）

雾天时的光线特点

大气中有雾霭或由于悬浮着细微烟尘而出现霾时，也会形成朦胧的漫射光线，而且要比普通的云彩遮挡时光照强度更低。同时，景物的色彩也会变得更加柔和，饱和度也随之降低，而且环境的整体色调会偏向于青蓝色调。如果感觉这种冷调过强，可以适当地调整色温，使色温转暖一些。

大雾可以将背景的距离推远，影调变亮，且掩盖其细部，可使照片的构图主次分明，更为简练，而雾本身也可构成一种特殊的画面意境。

➡ 雾气让画面大面积留白，使画面具有意境美，将人物安排在下方的中央，则让画面有了视觉焦点（焦距：35mm ┊ 光圈：F9 ┊ 快门速度：1/20s ┊ 感光度：ISO640）

第 4 章

光线的艺术表现

用光线创造不同的影子

利用投影表现特殊的画面氛围

所谓投影，即由物体投射在另一个平面上的阴暗区域，该阴影的形状能够在一定程度上反映投影的主体。有时光和影会在画面上交错出现，尤其是当深暗的投影与画面明亮的主体在画面中有规律地交替出现时，投影的加入会使画面显得更有形式美感。

形状独特的影子往往能成为画面的重要构成元素，尤其是傍晚或者日出时，建筑、树木或动物等往往会形成巨大的投影，而且通过投影还可以间接地反映物体的形状，是一种很好的造型元素。

物体的投影还可以表现出空间的透视感，形成近暗远淡、近深远浅的画面效果，给画面增添戏剧性的效果。

此外，电灯泡、射灯等人造光源也可以制造出投影效果，常用来表现神秘、特殊的画面氛围。

◤ 太阳刚升起不久，逆光照射过来的光线使树木在雪地上留下了长长的影子，为了展示树的投影，可将其置于画面上方，还可增加画面的空间感（焦距：350mm ┆ 光圈：F13 ┆ 快门速度：1/800s ┆ 感光度：ISO100）

利用剪影表现简洁的画面效果

所谓剪影，即按被拍摄对象外轮廓形成的剪纸式阴影实体，比阴影更具象。剪影与阴影不同，因为阴影只是实体所产生的虚影，其本身不存在任何细节，但剪影却是实体形成的抽象画面，因此蕴含着更为充分的表达效果，并由此使观者产生联想，画面显得更有意境与张力。

拍摄剪影本身并不复杂，但发现漂亮的剪影对象却有一些技巧。比较实用的技巧是，在逆光下眯起眼睛观察主体，通过减少进入眼睛的光线，将被拍摄对象模拟成剪影的效果，从而更快、更好地发现剪影。

此外，构图时的一大误区也必须注意，即如果拍摄的是多个主体，不要让剪影之间产生太大的重叠，因为重叠后的剪影可能让人无法分辨，从而失去剪影的表现效果。

当然，如果能够利用空间错视的原理，使两个或两个以上的剪影在画面中合并成一个新的形象，则可以尽量使其相互重叠，为画面添加新的艺术魅力。

➡ 利用长焦镜头截取部分桅杆并以剪影形式表现，得到简洁且有形式美感的画面（焦距：200mm ┊ 光圈：F9 ┊ 快门速度：1/1000s ┊ 感光度：ISO100 ）

➡ 利用剪影的形式表现夕阳下垂钓的人，留白的画面看起来很有意境，给人一种悠闲、惬意的感觉（焦距：200mm ┊ 光圈：F6.3 ┊ 快门速度：1/1600s ┊ 感光度：ISO100 ）

利用阴影表现明快的画面效果

所谓阴影，即在背光面由于物体光照不充分，而形成不同的阴暗区域。通过构图使画面中出现大小不等、位置不同的阴影，可以使画面的明亮区域与阴暗区域平衡，从而使画面能够更加突出地表现视觉焦点。阴影还有为画面增加透视感的作用，当阴影从画面深处延伸至画面前景时，这种定向阴影由于会出现近大远小的透视规律，因此可以用来加强画面的空间感和透视感。

➡️ 拍摄草原时，巧妙地结合侧光下影调的变化，使草原景色呈现出明暗对比的效果，画面看起来非常明快，空间感表现十足（焦距：70mm｜光圈：F13｜快门速度：1/400s｜感光度：ISO100）

用光线塑造立体感

光线也影响着物体立体感的表现。光线能够在物体表面产生受光面和阴影面，如果一个物体在画面上具备了这几个面，它就具备了"多面性"，观者才能够直接地感受到景物的形体结构。

不同方向的光线中，侧光和斜侧光能更好地表现这种立体结构，因为这些光线能使被摄物体有受光面、阴影面、投影和质感，影调层次丰富且具有明确的立体感。

另外，被摄体的背景状况也影响着物体立体感的表现。如果被摄体与背景的影调和色彩一致，缺乏明显的对比，则不利于表现立体感。只有被摄体与背景形成对比，才能突出立体感。

⬆️ 前侧光下拍摄的建筑物，从画面中可看出明暗对比明显，这种角度的光线不仅很好地表现了建筑的结构，还突出了其立体感（焦距：30mm｜光圈：F16｜快门速度：1/100s｜感光度：ISO100）

用光线营造画面气氛

在摄影中可以利用光线来营造特定的氛围，给人身临其境的感受。

有气氛的照片有更强的表现力，但气氛却又极难说清与捕捉。气氛往往在某个时间段或某些状态下以特定的光线形式呈现出来，但要抓住它，既需要机遇，也需要技巧。

无论是人造光还是自然光，都是营造画面氛围的首选。尤其是自然界中的光线，晴空万里时，拍摄出来的画面给人以神清气爽的感觉；乌云密布时，拍摄出的画面给人以压抑、沉闷的感觉。这样的光线往往需要长时间的等待与快速抓拍的技巧，否则可能会稍纵即逝。

比起自然界中的光线，人造光的可控性就强了许多，少了许多可遇而不可求的无奈，只要能够灵活运用各类灯具，就能根据需要营造出神秘、明朗、灯红酒绿或热烈的画面气氛。值得注意的是，拍摄类似效果的照片时，控制好曝光量是至关重要的。

↑ 逆光角度以剪影的形式表现奔跑在夕阳下的马儿，金色的画面突出了奔放的感觉（焦距：200mm ┊光圈：F5.6 ┊快门速度：1/2000s ┊感光度：ISO100）

用光线表现质感

光线的照射方向不仅影响了画面的立体感觉，还对物体的质感有根本性的影响。

若要有效地表现质感，应当注意选择合适的光位，因为，质感的强弱在很大程度上取决于光对被摄体表面的照明质量和方向。只需利用侧光或前侧光，就可以将被拍摄对象的质感表现出来。

→ 侧光角度拍摄出来的山景画面呈现出明显的明暗效果，将石头坚硬的质感表现得很好（焦距：300mm ┊光圈：F16 ┊快门速度：1/200s ┊感光度：ISO100）

光线塑造的画面影调

利用"白加"获得高调画面

高调摄影一般采用较为柔和、均匀、明亮的顺光来实现。高调的摄影作品给人一种明朗、纯洁、欢快的感觉，但是随着主题内容的变化，也会产生惨淡、空虚、悲哀的感觉。

在拍摄时，可以增加曝光补偿，或切换至M挡手动增大光圈或降低快门速度，以获得更明亮的画面，从而拍摄出高调照片。

为了避免高调画面有苍白无力的感觉，要在画面中适当保留少量有力度的深色、黑色或艳色。例如，少量的阴影或其他一些深色、艳色的物体，如鞋、包、花等。

↑ 利用白色背景拍摄身穿白色衣服的人物，画面很容易就获得了高调效果，人物的皮肤和头发作为画面中的重色，使画面不至于太单调（焦距：75mm │ 光圈：F4.5 │ 快门速度：1/80s │ 感光度：ISO320）

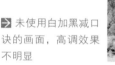 未使用白加黑减口诀的画面，高调效果不明显

增加曝光补偿后，雪变得洁白，画面整体明亮了（焦距：45mm │ 光圈：F7.1 │ 快门速度：1/200s │ 感光度：ISO200）

利用"黑减"获得低调画面

低调作品是指以深灰至黑的影调层次占了画面的绝大部分，少量的白色起着影调反差作用。低调作品通常采用侧光和逆光，使被摄体产生大量的阴影及少量的受光面，从而在画面中形成明显的体积感、重量感和反差效应。

低调作品适合表现凝重、庄严、刚毅的感觉，但在特定环境下，也会给人一种黑暗、阴森、恐惧之感。拍摄时，要根据口诀"黑减"做负向曝光补偿，或切换至 M 挡手动缩小光圈或提高快门速度，以获得更昏暗的画面，从而拍摄到低调照片。

◀ 摄影师拍摄的街景作品给人一种严肃、深沉、神秘的感觉，画面表现为明显的低调效果（焦距：20mm ┆ 光圈：F10 ┆ 快门速度：1/100s ┆ 感光度：ISO200）

在拍摄时，还要注重画面中要保有少量的白色或浅色、亮色景物，例如在拍摄低调人像时，可以加入饰品、包、衣服、花等元素，使画面在总体的深暗色氛围下呈现生机，以免使低调画面灰暗无神。

◀ 暗调的背景决定了画面的基本色调为低调，装饰灯、模特被灯光照亮的皮肤及白色的服装在画面中非常醒目，避免了过多的低调导致的暗淡、低沉（焦距：70mm ┆ 光圈：F5.6快门速度：1/60s ┆ 感光度：ISO500）

中间调画面

中间调是一种层次丰富的影调，有其独特的魅力。虽然基调的特征不太明显，但画面很是细腻，往往随着画面的形象、动势、色彩和光线的不同，呈现出不同的感情色彩。

中间调善于模糊物体的轮廓，从而给人一种柔和、恬静、素雅的感觉，适合表现各类摄影题材，本书展示的大多数照片均为中间调类型的摄影作品。

➡ 画面色彩丰富，影调柔美，摄影师拍摄的这张作品表现为不错的中间调效果（焦距：300mm ┆光圈：F5.6 ┆快门速度：1/800s ┆感光度：ISO400 ）

↑ 中间调在风景中应用比较多（焦距：120mm ┆光圈：F8 ┆快门速度：1/125s ┆感光度：ISO200 ）

了解光的色温

物理学家发明了"色温"一词，是为了科学地衡量不同光源中的光谱颜色成分，其单位为"K"。一些常用光源的色温如下：标准烛光的色温为 1930K，钨丝灯的色温为 2760~2900K，荧光灯的色温为 3000K，闪光灯的色温为 3800K，中午阳光的色温为 5400K；电子闪光灯的色温为 6000K，蓝天的色温为 12000~18000K。

色温越低，则光源中的红色成分越多，通常被称为"暖光"；色温越高，则光源中的蓝色成分越多，通常被称为"冷光"。

了解色温的意义在于，可以通过在相机中自定义设置色温 K 值，来获得色调不同的照片。通常，当自定义设置的 K 值和光源色温一致时，则能获得准确的色彩还原效果；若设置的 K 值高于光源色温时，则照片偏橙色；若设置的 K 值低于光源色温时，则照片偏蓝色。

冷色调的高色温

冷调色彩主要是指青色、蓝色等给人以凉爽、冷酷感的色彩，从色温的角度来说，属于高色温色彩，可以让人联想到蓝天、海洋、月夜和冰雪等，给人一种阴凉、宁静、深远的感觉。即使在炎热的夏天，人们在冷色环境中也会感觉到清凉、舒适。日出前及日落后的光线都具有典型的冷调色彩，适用于拍摄海洋、人像和动物等诸多题材。

➡ 蓝色的背景，身着蓝色裙子的模特，使画面呈现出清爽的感觉（焦距：50mm ┆ 光圈：F4.5 ┆ 快门速度：1/640s ┆ 感光度：ISO100）

暖色调的低色温

暖调色彩是指红色、橙色等可以给人以温暖感觉的色彩，从色温的角度来说，属于低色温色彩，可以使人联想到太阳、火焰和热血等，会给人一种热烈、活跃的感觉。日出后和日落前的光线都具有典型的暖调色彩，适用于拍摄夕阳、人像和动物等诸多题材。

↑ 日暮时分，太阳还没有落山，此时的光线色温较低，具有较强的暖调效果，配合"阴影"白平衡的设置，可加强橘色夕阳的效果（焦距：200mm ┆ 光圈：F20 ┆ 快门速度：1/1250s ┆ 感光度：ISO100）

巧妙运用光影

光与影是不可分割的统一体，光与影一起体现了物体的形态与质感，是摄影艺术的主要表现方法。被摄体影调深浅明暗的变化可以引发人们不同的心理感受，因此把握光线运用的特殊规律，增强摄影艺术的表现力是摄影的灵魂。正确认识光与影的关系，洞悉其变化规律，了解被摄对象的特点，才能巧妙地运用不同特点的光线，创造出优美的画面。

↑ 舞台上聚光灯的效果使画面极具现场感，明暗对比的效果使画面主体更加突出（焦距：200mm ┆ 光圈：F6.3 ┆ 快门速度：1/100s ┆ 感光度：ISO800）

轮廓光表现手法

轮廓光是逆光的一种，自被摄体的后方或侧后方照射，能够把物体和背景分离，因此又被称为"隔离光""勾边光"。

它与自然光照明中的逆光相似，但可以根据实际拍摄需要来调整，通过轮廓光展现被摄对象的三维效果。

在人工光线照明中，无论是大场面还是具体的小场面，无论是活动画面还是静止画面，使用轮廓光时都能突破平面的限制，增强视觉上的空间感与立体感。

◀ 使用逆光光线拍摄身着红装的女孩，女孩的头发上出现了漂亮的轮廓光，看起来极为迷人（焦距：135mm ┆ 光圈：F2.8 ┆ 快门速度：1/200s ┆ 感光度：ISO100）

相对于其他光线而言，轮廓光具有很强的造型效果，能够有效地突出被摄对象的形态，在被摄对象的影调或色调与背景极为接近时，轮廓光能够清晰地勾画出被摄体引人注目的轮廓。

轮廓光还具有很强的"装饰"作用。这主要是指它能在被摄体四周形成一条亮边，把被摄体"镶嵌"到一个光环中，给观者美的感受。

◀ 以日落时分低斜的逆光作为轮廓光，使得鸟儿的外轮廓上呈现出非常漂亮的金色边缘（焦距：300mm ┆ 光圈：F7.1 ┆ 快门速度：1/320s ┆ 感光度：ISO400）

星形灯光表现手法

如前所述，为了控制光通量，镜头内部的光圈由多片金属薄片构成。也正是由于这种构成方式，光圈的形状通常是多边形而不是理想的圆形。

相机成像的时候，光圈叶片边缘会导致光发生衍射和散射现象，从而产生星芒效果。简单地说，衍射就是因为光圈叶片交界处有一夹角，类似于狭缝，通过角上的光线会发散开来，就形成外射的光线。

要在画面中获得星芒效果，通常会使用 F16 左右的小光圈，并进行长时间曝光，在这种拍摄条件下比较容易得到星芒的效果。还可以通过为镜头添加专门的星光镜来得到星光效果，它所产生的效果要比通过使用小光圈得到的效果丰富许多。

◀ 通过搭配使用星光镜拍摄，使背景中的灯光呈现出十字形的星光效果，漂亮的星芒为夜晚点缀得更显繁华，好像童话世界一般（焦距：35mm ┊ 光圈：F8 ┊ 快门速度：5s ┊ 感光度：ISO400）

反射光表现手法

反射光摄影又称为反光摄影，是利用水面、镜子或光滑的金属表面等的反射特性来重新构图、美化画面、表现主题、增强作品的表现力的一种摄影手法。无论是使用水面还是镜面，都会得到与主体对称的倒影，而如果拍摄不平坦的金属表面倒影，则能够得到影像夸张、变形的有趣影像。

从某种意义上来说，反射光摄影扩大了拍摄的题材范围，面对各种反光体反射出来的各式各样的影像，既有情趣，又具表现力。在拍摄时，如果扩大关注点并放飞想象力，会发现，除了湖水、玻璃镜面等常见的能够反射影像的场所或物品，利用路边的小水洼、手中的化妆镜也能够拍摄出不错的反射影像。

↑ 在拍摄山体时，摄影师利用水面的反光特性将水里的倒影一并拍下，不仅可以凸显画面的平衡感，还可以使画面内容更丰富（焦距：14mm ┊ 光圈：F11 ┊ 快门速度：1/30s ┊ 感光度：ISO200）

光迹表现手法

　　光迹是指通过对光线长时间曝光使光线在画面中形成的光线线条。

　　在摄影作品中最常见的光迹是车流形成的，夜间对川流不息的车流进行长时间曝光时，在画面中则能够轻易地形成漂亮的光迹。

　　夜间拍摄车流的地点非常多，无论在山间小径、山区路段、城市繁华交通交集汇流路段等，只要有道路、有车辆行进的地方都可以进行拍摄，车辆前后车灯的光源在摄影师采用慢速快门拍摄时会形成犹如五线谱造型的美妙光迹。

　　在实际拍摄时应注意，画面内除了形成光轨的光线外，还有其他光线来源。因此在拍摄前，应该对在画面内形成光轨效果所需要的大概时间有所了解，然后在拍摄前对曝光结果进行测试，看画面内其他部分的光源会不会在预计时间内发生曝光过度等情况。如果有此类情况发生，则需要在保证要求快门速度的前提下，通过缩小光圈等方式降低曝光值。

↑ 使用 B 门拍摄夜幕下的车轨，其明亮的动感线条让画面表现出了极具梦幻的效果（焦距：24mm ┊ 光圈：F6.3 ┊ 快门速度：6s ┊ 感光度：ISO500 ）

光绘特效表现手法

光绘摄影，顾名思义，即主要表现用光源进行绘画而产生效果的一种特殊摄影题材。光绘摄影的奇特之处在于，结合了摄影与绘画，拍摄过程中既有摄影的被动性，又有绘画的主动性，摄影师能够体验到完全掌控画面的成就感。

要进行光绘摄影，可以按下面的步骤操作。

1. 应该寻找全黑的背景，以使绘出的图案更鲜明突出，可以创意选择一个没有开灯的黑屋，也可以在黄昏的时候拍摄，这样糅合环境光效和景物的光绘作品会别具特色。

2. 将相机设置成为 B 门曝光模式，并使用三脚架固定。将曝光模式切换成为 M 挡，对焦模式切换为手动对焦。

3. 使用烟花、打火机光、蜡烛光或手电筒光等光源在空中绘制想象中的物体轮廓，如一朵花、一个天使的光环等。

当曝光结束后，画面中就会出现漂亮的光迹。

在拍摄时要注意以下几个技巧要点。

如果画面中有文字，应该反着写；如果拍摄后照片太亮，应该缩小光圈，反之加大光圈；可以尝试在能够出现反光效果的墙壁、地板附近进行光绘，使画面中出现光迹的反光效果，从而增强画面的气氛。

↑ 利用低速快门拍摄流动的光线，其光怪陆离的效果十分吸引眼球（焦距：35mm ┊光圈：F4 ┊快门速度：15s ┊感光度：ISO500）

局部光的表现手法

局部光线是指在阴云密布的天气中，阳光透过云层的某一处缝隙，照射到大地上，形成被照射处较亮，而其他区域均处于较暗淡的阴影中的一种光线，这种光线不属于顺光、逆光等按光线的方向所区分的类型，其形成带有很大的偶然性。

↑ 摄影师利用微妙的光线形态将原野分为两块，一半为受光面较为明快，一半为阴影部分，画面明暗对比明显，影调十分漂亮（焦距：125mm ｜光圈：F8 ｜快门速度：1/2000s ｜感光度：ISO320）

明暗交界处，增加画面表现力

未受光面，使画面显得稳重

受光面、草地色彩十分欢快、明亮

灌木丛的投影，增加画面空间感

要很好地拍摄局域光场景，要把握以下几个要点。

在局域光照明下，画面反差比较大，容易形成强烈的阴阳面，尤其像夏季光照比较强烈的条件下，拍摄时要按照画面中实际亮度的影调特点，再结合"曝光补偿"，才能获得比较准确的曝光。

测光方式。拍摄光照不均的区域光场景，应该用点测光模式。测光时位置通常选择在受光区域的主体高光部分。为了突出要表现主体的同时，兼顾阴影的亮度及层次，拍摄时可以使用点测光功能，针对被摄场景及阴影区域的多个区域进行测定，获得曝光参数后，进行加权平衡后以确定最终应该采用的曝光参数，从而使各部分的影像获得较为均衡的曝光。

利用区域光拍摄时，光照区的主体通常能够得到正确还原，而阴暗部分则可能出现偏色，此时除了选择"自动白平衡"模式以外，还可以尝试"阴影白平衡"模式和"日光白平衡"模式，从中选取能够更好地还原整个场景的白平衡模式。

第 5 章

风光题材实拍技巧

逆光表现漂亮的山体轮廓线

以逆光拍摄山时，由于光线来自山的背面，所以会形成很强烈的明暗对比，此时若以天空为曝光依据，可以将山处理成剪影的形式，注意选择比较有形体特点的山，利用云雾或是以天空的彩霞丰富、美化画面。

↑ 逆光情况下拍摄连绵不断的山脉，配合缥缈的雾气与其虚实结合，形成层层叠叠的效果，使画面更具形式美感（焦距：200mm ┆光圈：F4 ┆快门速度：1/1250s ┆感光度：ISO100）

运用局部光线拍摄山川

局部光线是指在阴云密布的天气中，阳光透过云层的某一处缝隙照射到大地上，形成被照射处较亮，而其他区域均处于较暗淡的阴影中的一种光线，这种光线的形成具有很大的偶然性。

在阳光普照的情况下拍摄山川，画面影调显得比较平淡，而如果在拍摄时碰到了可遇而不可求的局部光线，则应该抓住这一时机，利用局部光线改善画面的影调。

当阳光从天空的云层缝隙中透射出来，只照亮地面的一部分，而其他景物处在阴影中时，环境中的画面会由于云层的移动而产生明暗不定的效果，风光摄影师应抓住这一拍摄良机。

↑ 傍晚的光线色温较低，在局部光线的照射下，雪山呈现出日照金山的效果，在暗调的画面中显得非常突出（焦距：220mm ┆光圈：F16 ┆快门速度：1/200s ┆感光度：ISO100）

妙用光线获得金山银山效果

在上午或下午拍摄日照银山效果

如果要拍摄日照银山的效果，应该在上午或下午进行拍摄，此时光线强烈，雪山在阳光的映射下非常耀眼，在画面中呈现银白色的反光。同样，在拍摄时，不能使用相机的自动测光功能，否则拍摄出的雪山将是灰色的。要想还原雪山的银白色，应向正的方向做1~2挡曝光补偿量，这样拍出的照片才能还原银色雪山的本色。

↑ 清晨太阳还未升起时，将白平衡设置为"荧光灯"模式，拍摄的雪山呈现出冷调效果，突出了雪山洁白、神圣的感觉（焦距：55mm；光圈：F18；快门速度：1/100s；感光度：ISO100）

在日出时分拍摄日照金山效果

如果要拍摄日照金山效果，应该在日出时分进行拍摄。此时，金色的阳光会将雪山山顶渲染成金黄色，但阳光没有照射到的地方还是很暗，如果按相机内置的测光参数进行拍摄，由于画面的阴影部分面积较大，相机会将画面拍得比较亮，导致曝光过度，使山头的金色变淡。此时就应该按"白加黑减"的原理，减少曝光量，即向负的方向做0.5~1挡曝光补偿。

↑ 夕阳斜射在山顶上，将其渲染成了暖调的效果，在周围冷调环境的衬托下显得非常醒目（焦距：135mm；光圈：F8；快门速度：1/640s；感光度：ISO100）

增加曝光补偿拍出高调雪景

　　若想拍摄高调的照片，雪景是比较理想的拍摄题材。但拍摄时一定要增加曝光量，否则拍出来的照片容易发灰。应该根据"白加黑减"的原则，在正常测光的基础上适当增加1~2挡曝光补偿，这样才能较好地呈现白雪的颜色，因此，最好采用M挡手动曝光模式。

↑ 拍摄白茫茫的雪景时，通过适当地增加曝光补偿获得高调画面效果（焦距：20mm ┆ 光圈：F16 ┆ 快门速度：1/250s ┆ 感光度：ISO100 ）

侧光表现雪地层次

　　在大雪之后，天地间都是一片白色，为避免在拍摄雪景时出现毫无美感的白茫茫一片，最好选择侧光进行拍摄，利用受光面与背光面的明暗对比突出雪地的层次感，这样画面看起来就不那么平淡了。

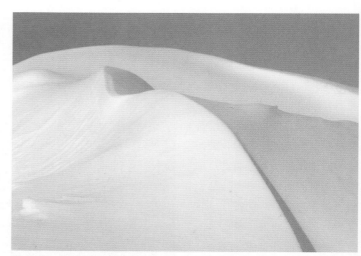

↑ 这是一幅侧光下拍摄的雪地，在柔和的明暗对比下，画面中的雪地看起来细腻、柔和且层次丰富（焦距：80mm ┆ 光圈：F7.1 ┆ 快门速度：1/200s ┆ 感光度：ISO100 ）

小光圈拍出日出日落星芒效果

使用小光圈拍摄太阳，可以得到太阳的星芒效果。光圈越小，星芒效果越明显，可表现出太阳耀眼的效果，烘托画面的气氛，增加画面的感染力。但注意不要使用过小的光圈，否则会由于光线衍射导致画质下降。

↑ 拍摄时可以通过调整角度，将太阳安排在景物中间，并将景物处理为剪影状，以暗色的剪影更好地衬托出太阳的星芒（焦距：35mm┊光圈：F22┊快门速度：1/800s┊感光度：ISO100）

利用剪影使画面简洁、明快

日出日落时分，是拍摄剪影画面的最佳时机，但在拍摄时要注意两点：一是尽量保持简洁的轮廓，剪影的暗部最好没有任何细节；二是背景纯粹，即剪影以外的区域应该是比较纯粹的空白区域，以避免景物的剪影轮廓与背景景物轮廓交织在一起，使画面混淆不清。

↑ 利用剪影的形式表现弯曲的树枝，不仅给人简洁、明了的感觉，也有利于营造富有形式美感的画面（焦距：105mm┊光圈：F6.3┊快门速度：1/1250s┊感光度：ISO400）

拍摄日出日落的测光技巧

以天空亮度为曝光依据

在日出、日落时分表现云彩、霞光时，要注意避免强烈的太阳光干扰测光，测光应以天空为主。可以使用镜头的长焦端，以点测光或中央重点测光模式对天空的中等亮度区域测光。只要这部分曝光合适，色彩还原正常，就可以获得理想的画面效果。测光完成后，锁定曝光值重新构图、拍摄。

◤ 针对天空测光，使天空曝光正常，而地面景物则因曝光不足呈剪影效果，更加突出表现天空色彩及太阳的光芒（焦距：30mm ┆ 光圈：F16 ┆ 快门速度：1/250s ┆ 感光度：ISO200）

针对水面亮度进行测光

日出、日落时分很适合拍摄波纹，这时可以以水面亮度为准进行测光。由于光线经水面折射后要损失一挡左右的曝光量，因此水面倒影与实景的亮度差异在一挡左右。可根据试拍效果适当增加曝光补偿，得到理想的曝光效果。

◤ 在逆光下对水面拍摄，并针对水面亮度进行测光，可以得到波光粼粼的水面效果，使照片富有生趣（焦距：200mm ┆ 光圈：F8 ┆ 快门速度：1/1250s ┆ 感光度：ISO200）

利用相机功能平衡日出日落时的明暗反差

在拍摄日出日落这类明暗差很大的场景时，可以使用相机的动态范围来缩小明暗差。

例如右图就是增加曝光补偿，并将动态范围设置为"强"时的画面，可以看到暗部的细节，但是整体上会给人平淡的感觉，不过，在拍摄时可以将照片格式设置为 RAW，然后后期运用软件处理得到色彩、细节俱佳的画面。当然，直接利用明暗反差，对准高光处测光拍摄，使暗部变成剪影，也可以让照片有较好的效果。

如果想要达到更好的平衡明暗反差的画面效果，可以使用相机的 HDR 功能，这样拍出来的画面，不管是高光区域还是暗部区域都有较好的细节，再加上调高色温值，使画面偏暖，画面的色彩会很浓厚，如下图效果。

↑ 使用动态范围功能让画面的明暗反差减少，得到更多的细节（焦距：20mm ┊ 光圈：F16 ┊ 快门速度：1/250s ┊ 感光度：ISO200）

↓ 使用 HDR 功能拍摄，使画面的亮部与暗部都得到较好地呈现（焦距：35mm ┊ 光圈：F18 ┊ 快门速度：1/1600s ┊ 感光度：ISO320）

利用逆光或侧逆光拍摄雾景

　　顺光下拍摄薄雾中的景物时，强烈的散射光会使空气的透视效应减弱，景物的影调对比和层次感不强，色调也显得很平淡，景物缺乏视觉趣味。

　　拍摄雾景最合适的光线是逆光或侧逆光，在这两种光线的照射下，薄雾中除了散射光外，还有部分直射光，雾中的物体虽然呈剪影状态，但这种剪影是受到雾层中的散射光柔化了的，已由深浓变得浅淡，由生硬变得柔和。

　　景物在画面中的距离不同，其形体的大小也呈现出近大远小的透视感，色调同时产生近实远虚、近深远浅的变化，从而在雾的衬托下形成浓淡互衬、虚实相生的画面效果，因此，最好在逆光或侧光下拍摄雾中的景物，这样整幅画面才会生机盎然，韵味横生，富有表现力和艺术感染力。

↑ 在夕阳的笼罩下，弥漫着雾气的树林呈现出金黄色的效果，给人一种神秘、悠远的感觉（焦距：200mm┊光圈：F6.3┊快门速度：1/80s┊感光度：ISO100）

巧用曝光补偿拍摄迷幻的雾景

　　雾是由空气中凝结在一起的小水滴形成的，在顺光或顶光下，雾气会产生强烈的反射光，容易导致整幅画面苍白、色泽较差且没有质感。而借助逆光、侧逆光或前侧光来拍摄，更能表现画面的透视和层次感，画面中光与影的效果能展现一种更飘逸的意境。逆光或侧逆光还可以使画面远处的景物呈现剪影效果，使画面有空间感。

　　在选择正确的光线方向后，还要适当调整曝光补偿，因为雾可以反射大量光线，所以雾景的亮度较大，因此根据白加黑减的曝光补偿规律，通常应该增加1/3~1挡的曝光补偿。

　　调整曝光补偿时，要考虑所拍摄的场景中雾气的面积，面积越大意味着场景越亮，就越应该增加曝光补偿，面积较少可以不增加曝光补偿。

　　如果对于曝光补偿的增加多少把握不好，那么还是以"宁可欠曝也不可过曝"的原则进行拍摄。因为欠曝的情况下，可以通过后期处理提亮（会产生一定杂点），但如果是过曝，就很难再显示出其中的细节了。

↑ 缥缈的云雾萦绕在叠嶂交错的山峦之间，将其纳入画面以获得虚实相生、虚实对比的意境，同时通过增加1挡曝光补偿使得云雾更加亮白、飘逸（焦距：70mm ┆ 光圈：F14 ┆ 快门速度：1/6s ┆ 感光度：ISO100）

↑ 大面积的云雾，需要增加更多的曝光补偿值（焦距：140mm ┆ 光圈：F10 ┆ 快门速度：1/30s ┆ 感光度：ISO200）

根据云层预估曝光时间

虽然当前使用的数码单反或微单相机都有相对准确的测光设置，能够较准确地测算出曝光数值，但机器的灵活度比人差，因此掌握不同天气下应该使用多长曝光时间的预估技巧，就能够弥补机器在这方面的不足。

虽然当天空中的云彩变化不定时，环境光线也会发生错综复杂的变化，但根据云量仍然可以将天空的光照度归纳为以下四类。

① 蓝天白云、阳光普照的天气，为最亮的天气。

② 薄云遮日、光线柔和的天气，为次明亮的天气。

③ 阴天满空的天气，为较暗的天气。

④ 乌云密布、阴暗欲雨的天气，为最暗的天气。

在上述四类光照强度不同的天气拍摄时，要估计曝光可以按各差一个档级预估，例如，在晴朗的天气下曝光，快门速度为1/125s；在薄云遮日时曝光时间应增加一倍，为1/60s；阴天又增加一倍，为1/30s；乌云密布时再增加一倍，用1/15s。

↑ 在拍摄这种较为厚重的云彩时，适当地降低一些曝光补偿，可以让天空及云彩亮度降低，获得更佳的层次感（焦距：28mm ┊ 光圈：F10 ┊ 快门速度：1/500s ┊ 感光度：ISO200）

利用晨光拍摄冷调水景

日出时，绚丽的天空非常美丽，这时的太阳很低，你可以很安全地把相机镜头对向它，记录下这美丽的时刻。如右图所示，画面整体呈现出冷冷的淡蓝色调，非常适合表现"水"的清凉感。而在这样的色调中还透露出丝丝紫红色，非常迷幻，犹如仙境一般。

↑ 测光时对准画面的中灰度，这样拍摄出来的画面就不会曝光过度或不足了（焦距：28mm┆光圈：F10┆快门速度：1/250s┆感光度：ISO200）

通过包围曝光拍摄大光比水景

如果水面和岸边的景物（如山石、树木）光比太大，可以分别拍摄以水面和水边景物为测光对象的两张照片，再通过后期合成处理得到需要的照片，或者采取包围曝光的方法得到三张曝光级数不同的照片，最后合成。

↑ 通过拍摄曝光过度、曝光正常、曝光不足的三张照片，利用包围曝光的方法，最终获得了非常不错的效果，无论是曝光还是景物都有很好的表现（焦距：24mm┆光圈：F10┆快门速度：1s┆感光度：ISO100）

逆光拍摄波光粼粼的水面

逆光拍摄水面时，为使水面波光粼粼的效果更明显，应增加曝光补偿，降低拍摄角度。正午时分使用逆光拍摄湛蓝天空下的大海，其波光粼粼效果就很明显，由于此时光线较强，明暗对比强烈，故呈现出来的波光粼粼效果为银色的。

➡ 正午时分的光线较强，被风吹起的水面经过光线的反射，呈现出银光闪闪的效果（焦距：160mm；光圈：F8；快门速度：1/640s；感光度：ISO100）

黄昏时分，光线色温较低，逆光拍摄水面较容易拍摄出黄色、金色、橙色的有粼粼波光的水面，如果感觉效果不够明显，还可将白平衡设置为阴天 / 阴影等色温较高的白平衡模式，使这种暖调效果更明显。但阴天 / 阴影白平衡的色温，必须高于环境的色温，否则拍不出暖调的效果。

➡ 在光线位置较低时，采用逆光拍摄，即在傍晚太阳下山的时候拍摄才能达到此类效果。此时天空中晚霞的色彩照映在水面上，将水面渲染得金光灿灿（焦距：200mm；光圈：F20；快门速度：1/500s；感光度：ISO200）

逆光将海边景物拍成剪影效果

在黄昏时分，利用逆光作为光源拍摄海边景色，可以产生具有戏剧感的剪影效果。拍摄时选择水面作为背景，画面中要有人或船只，在逆光下，水面上的反射光会形成粼粼波光，使用点测光模式对较亮的区域进行测光，可以将海面上的景物呈现为剪影效果，使画面有一种神秘感和空间感。

如果使用长焦镜头压缩前景和背景的距离感，可以使水面看起来像是燃烧一样。为了增强这种效果，可以适当减少曝光补偿以加深暗部，白平衡设置为阴天 / 阴影等色温较高的白平衡模式，使这种暖调效果更为明显。

➡ 对水面亮处进行测光，使人物呈现为剪影效果（焦距：70mm ┊ 光圈：F5.6 ┊ 快门速度：1/640s ┊ 感光度：ISO125）

延长曝光时间拍摄丝滑水流

绵延柔美的水流只是一种画面效果，在自然界中是不存在的。若想将水流拍出丝滑般的效果，需要进行较长时间的曝光。为了防止曝光过度，应使用较小的光圈来拍摄，如果画面还是过亮，应考虑在镜头前加装中灰滤镜，这样拍摄出来的水流是雪白的，如同丝绸一般。

为了获得绵延的效果，可以低角度仰拍水流，增加溪流的动感，尽可能多地展现水流的轨迹，增加其绵延感。需要注意的是，由于使用的快门速度很慢，因此一定要使用三脚架来拍摄。

➡ 延长曝光时间拍摄出丝滑般的水流，与海面暗调的岩石形成动静对比（焦距：27mm ┊ 光圈：F11 ┊ 快门速度：7s ┊ 感光度：ISO100）

第 6 章

人像题材实拍技巧

设置人像照片风格拍摄

佳能、索尼和尼康相机，都提供了人像照片风格模式，使用此模式拍摄人像，可以把人物肤色拍得很自然、光滑，很适合拍摄美女或儿童。

拍摄时可以将人像模式与曝光补偿和美肤功能一起使用，根据画面增加 0.3~0.5EV 曝光补偿，可以增加皮肤的质感并使其更加通透。如果使用索尼微单相机，启用"美肤效果"功能，得到磨皮效果。即使是在高位逆光下拍摄，人像模式也是很好用，适度提升对比度与饱和度，就可以带来明亮的氛围。

佳能 R5 相机设置方法：在**拍摄菜单 3** 中选择**照片风格**选项，点击选择人像选项，然后点击 `SET OK` 图标确定

尼康 Z8 相机设置方法：在**照片拍摄**菜单中点击**设定优化校准**选项，点击选择人像优化校准选项

索尼 α7S Ⅲ 相机设置方法：在**曝光颜色菜单**中的第 6 页**颜色/色调**中，点击选择**创意外观**选项，在下级界面中选择 **PT** 选项

↑ 使用人像模式并启用"美肤效果"功能，可以使拍摄出来的人物皮肤更为细腻、白皙（焦距：70mm ┆ 光圈：F2.8 ┆ 快门速度：1/320s ┆ 感光度：ISO100）

对人脸测光表现精致、细腻的面部

拍摄人像时，皮肤是需要重点表现的部分，而要表现细腻、光滑的皮肤，测光是非常重要的工作。准确地说，拍摄人像时应采用中央重点平均测光或点测光模式，对人物的皮肤进行测光。

如果是在午后的强光环境下，建议还是找有阴影的地方进行拍摄，如果环境条件不允许，那么可以对皮肤的高光区域进行测光，并对阴影区域进行补光。

在室外拍摄时，如果光线比较强烈，在拍摄时以人物的皮肤作为曝光标准，适当增加半挡或2/3 挡的曝光补偿，让皮肤获得足够的光线而显得光滑、细腻，而其他区域的曝光可以不必太顾忌，因为相对其他区域来说，女孩子更在意自己的皮肤。

◀ 在室外拍摄时，使用长焦端将模特的面部拉近，使其充满画面后再进行测光，锁定曝光后再重新构图拍摄，得到肤质细腻的人像画面（焦距：200mm ┊ 光圈：F2.8 ┊ 快门速度：1/200s ┊ 感光度：ISO100 ）

拍摄浅色画面时增加曝光补偿

当画面中大多是浅颜色时，相机会根据测光的结果得到不够准确的数据，这时应提高曝光量，以增加画面亮度。

当被摄者身着浅色衣服，又在白色的环境中拍摄，应增加曝光补偿，这样可使画面真实地再现拍摄现场，得到较为准确的曝光效果。

◀ 由于模特身穿白色的婚纱并处于浅色调的环境中，因此在拍摄时增加了曝光补偿，得到明亮的高调画面（焦距：35mm │光圈：F2.2 │快门速度：1/640s │感光度：ISO100）

拍摄深色画面时减少曝光补偿

如果被摄者身处暗调的环境中，而又身着黑色的衣服，相机自身的测光系统会根据自身的测光结果相应地提高曝光数值，导致拍摄出来的画面发灰。为了正确还原深色的感觉，应减少曝光补偿。为了使女孩的皮肤更加白皙，可利用反光板对面部进行补光。

◀ 由于拍摄时减少了曝光补偿，压暗了树林，突出了站在树林前的女孩（焦距：50mm │光圈：F2.8 │快门速度：1/160s │感光度：ISO200）

利用曝光补偿去除画面中杂乱的环境

当画面中的环境比较杂乱不利于突出被摄者时，可以利用曝光过度去除不利于表现主体的细节部分。

这种方法适用于光比较大的环境中，当人物较亮环境较暗时，可利用减少曝光补偿的方法，这样画面中较暗的环境处于黑暗中，画面中看不到杂乱的细节，而人物则曝光合适，在较暗的背景衬托下，反而显得皮肤更加白皙；而在较亮的环境中拍摄时，可利用增加曝光补偿的方式进行拍摄，这样可使环境中的杂乱细节部分因曝光过度而失去部分细节，而本来较暗的人物则会因曝光补偿提亮面部。总的来说，这种拍摄方式就是要确保人物曝光正常，而忽略环境细节。

⬆ 由于拍摄时环境的光线较暗，因此在拍摄时减少了曝光补偿，压暗了杂乱的环境，也将模特在画面中衬托得更加突出 (焦距：50mm ┊ 光圈：F1.8 ┊ 快门速度：1/250s ┊ 感光度：ISO100)

⬆ 在明朗的环境中拍摄时，为了使杂乱的背景不突出，在拍摄时增加曝光补偿，使背景几乎曝光成白色，明亮的画面将模特衬托得气质更加高雅 (焦距：45mm ┊ 光圈：F3.2 ┊ 快门速度：1/250s ┊ 感光度：ISO400)

用侧逆光拍出唯美人像

在拍摄女性人像时，为了将她们美丽的头发从繁纷复杂的场景中分离出来，常常需要借助低角度的侧逆光来制造漂亮的头发光，增加其妩媚动人感。

如果使用自然光拍摄，最佳拍摄时间应该在下午 5 点左右，这时太阳西沉，距离地平线相对较近，因此照射角度较小，拍摄时让模特背侧向太阳，使阳光以斜向 45° 角照向模特，即可形成漂亮的头发光，看上去好像在发丝上镀上了一层金色的光芒，头发的质感、发型样式都得到了完美表现，使模特看起来也更漂亮。

由于模特侧背向光线，因此需要借助反光板或闪光灯为人物正面补光，以表现其光滑、细嫩的皮肤。

➡ 侧逆光打亮了人物头发轮廓，形成了黄色发光，漂亮的发光将女孩柔美的气质很好地凸显出来（焦距：50mm ┊ 光圈：F2 ┊ 快门速度：1/800s ┊ 感光度：ISO400）

逆光塑造剪影效果

在利用逆光拍摄人像时，由于在纯逆光的作用下，画面会呈现为被摄体黑色的剪影，因此逆光常用于塑造剪影效果。而在配合其他光线使用时，被摄体背后的光线和其他光线会产生强烈的明暗对比，从而勾勒出人物美妙的线条。正因为逆光具有这种艺术效果，因此逆光也被称为"轮廓光"。

采用这种手法拍摄户外人像时，通常应该使用点测光对准天空较亮的云彩进行测光，以确保天空中云彩具有细腻、丰富的细节，人物主体的轮廓线条清晰、优美。

↑ 对天空较亮的区域进行测光，通过锁定曝光，再对人物进行对焦，使人物由于曝光不足成为轮廓清晰、优美的剪影（焦距：35mm ┊ 光圈：F9 ┊ 快门速度：1/400s ┊ 感光度：ISO200）

利用顶光突出表现人物发质

顶光是指投射方向来自被摄人物头顶正上方的光线。顶光拍摄的反差较强烈，拍摄人像时会使人物眼睛和鼻子下产生浓重的阴影，不利于刻画人物形象。这种光线通常配合其他照射方向的辅助光源共同使用。

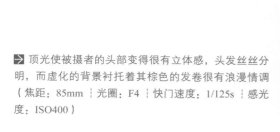
顶光使被摄者的头部变得很有立体感，头发丝丝分明，而虚化的背景衬托着其棕色的发卷很有浪漫情调（焦距：85mm ┊光圈：F4 ┊快门速度：1/125s ┊感光度：ISO400）

利用光晕营造人像画面浪漫气氛

在逆光条件下拍摄，画面中往往会出现高光溢出的眩光现象，影响画面层次和色彩的呈现。但是转换方位，合理安排眩光在画面中出现的位置，也会出现意想不到的效果。当然，要利用这种方法得到唯美的画面效果，并非一定会成功，有时也会破坏画面的美感，因此仅作为一种特殊的表现手法，在拍摄时可以尝试使用。

不同于其他拍摄情况，为了得到画面眩光，拍摄时需要将镜头前的遮光罩等附件取下。

拍摄时要注意控制曝光量，即拍摄时为了减少眩光对画面的破坏性影响，适宜选择点测光模式对被摄人物的面部皮肤进行测光，以保证主体人物正确曝光。

金色光晕的纳入不仅渲染了画面的浪漫氛围，也淡化了杂乱的背景，使甜蜜的恋人在画面中更加突出（焦距：90mm ┊光圈：F3.2 ┊快门速度：1/200s ┊感光度：ISO100）

利用散射光表现人物娇嫩的肤质

散射光的特点是光比较小，光线较柔和，更能表现女性柔滑、娇嫩的肌肤。在拍摄人像时，经常使用各类反光伞、反光板或吸光板，目的就是将光线变为散光。

在室内拍摄人像，可以通过各种反光设备将光线变为散射光；而在室外拍摄，则需要选对天气与拍摄时间才能获得散射光。如果是晴朗天气，应该在上午 10 点或下午 5 点左右进行拍摄，具体时间也要视当地的太阳位置与光线强度而定；如果是一个稍显阴暗的天气，光线经过云层的折射就会形成散射光，这样全天基本上都适合进行拍摄。如果拍摄的天气与时间都不理想，应该寻找有树荫或其他遮挡物的地方进行拍摄。

➡ 散射光下拍摄的人像画面，女孩的脸上没有阴影，皮肤显得细腻、娇嫩（焦距：135mm ┊ 光圈：F2.5 ┊ 快门速度：1/250s ┊ 感光度：ISO100）

重点表现人物的眼神光

在人像摄影中，对眼睛的表现十分重要，而要把眼睛表现好，很重要的一点就是要恰当地运用好眼神光。眼神光能使照片中人物的眼睛里产生一个或多个光斑，使人像照片显得更具活力。

在户外拍摄时，天空中的自然光就能在人物的眼睛上形成眼神光。如果是在室内利用人造光源布光，主光通常采用侧逆光位，辅光照射在人脸的正前方，用边缘光打出眼神光。但要注意用全光往往会冲平脸部的层次。

↑ 自然光在照射在模特眼睛上形成眼神光，使其明亮的眼睛看起来更加水灵动人（焦距：50mm ┊ 光圈：F2.8 ┊ 快门速度：1/250s ┊ 感光度：ISO100）

阴天拍出明亮的人像照片

　　阴天时，由于光线的原因，整体色彩和对比度都会受到影响，画面可能会显得有些偏灰且单调，人物的肤色也可能会失去红色和黄色调，使人物的气色欠佳。

　　在这种情况下，可以将白平衡设置为阴天模式，并向黄色和洋红偏移一点，可以使人物的肤色看起来更有温度，更健康。如果觉得人物皮肤太柔和，可以在"照片风格"的详细设置中，适当增加对比度与饱和度，以制造出有层次感的自然色调。

　　因为阴天的光量较少，照片容易显得暗，可以适度地增加曝光补偿，还要注意快门速度可能会变慢，要及时关注并适当调整，感光度则设定在 ISO400~ISO800 之间比较好，这样既可以保证画面的曝光，也不至于画面产生很多的噪点。

↑合理的参数设置使阴天拍摄的人像也能较为明亮（左图：焦距：35mm ┊ 光圈：F2.8 ┊ 快门速度：1/160s ┊ 感光度：ISO100 右图：焦距：50mm ┊ 光圈：F2.8 ┊ 快门速度：1/200s ┊ 感光度：ISO160）

利用室内光特性拍摄自然人像

当在室内恒定光下拍摄人像时，根据光源的特征，并据此设定白平衡和照片模式，就可以拍出自然有氛围的照片。

在室内拍摄时，聚光灯不要直接照射到模特的脸上，这样会使人脸出现过多的高光，且脸色也会因发黄而不自然，可以使聚光灯的发散光照亮人物的 2/3 侧脸，从而得到光效自然且人物立体的效果。

可以设置为"白炽灯"白平衡模式，以获得更真实的色彩，如果相机的自动白平衡可以设置氛围优先或白色优先功能，那么设置自动模式也是不错的选择。其中"氛围优先"自动白平衡模式能够较好地表现出钨丝灯下拍摄的效果，即在照片中保留灯光下的红色色调，从而拍出具有温暖氛围的照片；而"白色优先"自动白平衡模式可以抑制灯光中的红色色调，准确地再现白色。

照片风格模式可以选择标准，并在详细设置中调高对比度和调低饱和度，以获得更具戏剧性的画面效果。如果喜欢画面有颗粒感的怀旧效果，还可以设置为高 ISO 感光度，以增加噪点，为画面增添一种特殊的氛围。

佳能 R5 相机设置方法：在**拍摄菜单 3** 中点击选择**白平衡**选项，选择自动白平衡选项，然后点击 `INFO AWB↔AWBW` 图标，选择**自动：氛围优先**或**自动：白色优先**选项，然后点击 `SET OK` 图标确定

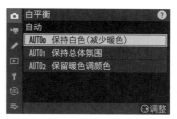

尼康 Z8 相机设置方法：在**照片拍摄**菜单中点击**白平衡**选项，点击**自动**选项，然后在下级界面中选择所需的选项

索尼 α7S III 相机设置方法：在**曝光 / 颜色菜单**中的第 5 页**白平衡模式**中，点击选择 **AWB 优先级设置**选项，在界面中点击选择所需的选项，然后点击 `●OK` 图标确定

↑ 选择"白色"自动白平衡模式可以抑制灯光中的红色，使照片中模特的皮肤显得白皙『焦距：55mm；光圈：F5；快门速度：1/160s；感光度：ISO100』

利用大光圈表现迷幻光斑的夜景人像

拍摄夜景时，最忌将被摄者拍得很亮，而背景却一片死黑，这样画面看起来很呆板，缺少生机。所以拍摄夜景人像的最大难点就在于，如何在照亮人物的同时，让背景也亮起来。

使用数码相机的夜间人像场景模式，会自动开启闪光灯，并延长曝光时间，此时最好使用三脚架以保证稳定。当然，在拍摄时不要离拍摄对象太近，否则闪光打在拍摄对象身上，会显得光线非常生硬，可以使用长焦镜头配合较大的光圈进行拍摄。

如果要对拍摄进行更多的控制，最好使用光圈优先模式，将光圈开到最大并靠近拍摄对象以达到前景清晰、背景充满漂亮圆点的效果。

↑ 夜晚使用大光圈拍摄泳池边的人像照片，灯光照射的水面被虚化为金黄色的光斑，画面显得很唯美（焦距：50mm ┆光圈：F2.8 ┆快门速度：1/80s ┆感光度：ISO640）

使用点测光拍摄大光比弱光人像

拍摄弱光下的人像，一般是明暗反差较大，很难做到画面整体都曝光正确。既然是人像，当然在大部分情况下，是以人物为主，环境为辅，所以拍摄时的曝光主旨就是"尽量使人物面部得到充足的曝光"。

在拍摄时，可以使用点测光模式，对主体人物的面部测光，从而使人物面部得到充足的曝光。这样，即使拍摄出来的画面环境部分比较暗，且在高感光度下，暗部区域的噪点会产生得更多，但由于人们的视觉一般是先被亮的区域吸引，所以暗部的噪点就显得不那么明显了。

如果所拍摄画面中有点光源，如灯光、烛光，曝光要点同样是人物优先，即使测光后点光源会曝光过度，只要不影响到画面的整体氛围，就不必太在意。如果点光源曝光的面积过多，影响到画面效果，则可以适当减少曝光补偿。

↑ 使用点测光模式对人物脸部进行测光，得到面部曝光正常的效果（焦距：35mm ┆光圈：F2.8 ┆快门速度：1/160s ┆感光度：ISO1000）

用低速同步闪光模式得到漂亮的夜景人像

夜景人像是常拍的弱光题材。在拍摄时，如果不使用闪光灯往往会因为快门速度过慢而导致照片模糊，使用闪光灯又会因为主体曝光时间太短而出现人物很亮但背景很暗的问题。

最好的解决办法是使用相机的慢速闪光同步功能（佳能可选择前帘同步或后帘同步模式；尼康可以选择慢同步、慢后帘同步或后帘同步模式）。此时人物的曝光量仍然由闪光灯自行控制，在人物得到准确曝光的同时，由于相机的快门速度被设置得较慢，从而使画面中的背景也得到合适的曝光。

举例来说，正常拍摄时使用F5.6、1/200s、ISO100的曝光组合配合闪光灯的E-TTL Ⅱ闪光模式，拍摄出来照片中的人物曝光正常，而背景显得较黑。如果将快门速度变为1/2s，在其他参数都不变的情况下进行慢速闪光拍摄，就可以得到人物和背景曝光都正常的夜景人像照片。这是因为人物的曝光量只受闪光灯影响，基本与快门速度无关，所以人物可以得到正常的曝光，同时由于曝光时间被控制为1/2s，在这段时间内画面的背景持续地处于曝光状态，因此画面的背景会由于曝光时间比较长而显得明亮。

◀ 使用慢速闪光同步功能可有效降低快门速度，使背景也比较明亮（焦距：85mm ┊ 光圈：F1.8 ┊ 快门速度：1/20s ┊ 感光度：ISO400）

利用路灯或其他光源进行补光

在夜晚的城市街道或广场拍摄人像时，通常都有照明的路灯，如果不想开启闪光灯来拍摄，可以利用路灯的光线来对人物面部进行补光。

在拍摄时，模特将脸部冲向路灯，略微仰起，以便得到比较充足的光量，这样脸部就会有自然的、高于环境的亮度，从而从较暗的环境中凸显出来。这样的光线与闪光灯的光线相比，不会显得突兀，可以与环境很好地融合在一起。

不过需要注意的是，由于路灯大多发黄，所以白平衡需要设置为荧光灯或钨丝灯模式，以减弱画面中的暖色调，可以让照片显得更自然。

除了利用路灯对人脸补光外，还可以在拍摄时寻找相同性质的补光灯，如大型的广告灯箱、橱窗的灯光，同样可以起到很好的效果。

如果希望让照片更有艺术气息，还可以将 LED 小灯珠放在模特的身边，让照片的光效与众不同。

↑ 利用公园草地中的地灯拍摄出唯美的夜景人像（焦距：50mm ┊ 光圈：F2.8 ┊ 快门速度：1/100s ┊ 感光度：ISO2000 ）

低调画面表现人物的神秘感

低调人像的影调构成以较暗的颜色为主，基本由黑色及部分中间调颜色组成，亮部所占的比例较小。

在拍摄低调人像时，如以逆光的方式拍摄，应该对背景的高光位置进行测光；如果是以侧光或顺光方式拍摄，通常是以黑色或深色作为背景，然后对人物身体上的高光进行测光，该区域以中等亮度或者更暗的影调表现出来，而原来的中间调或阴影部分则再现为暗调。

在室内或影棚中拍摄低调人像时，根据要表现的内容，通常布置1~2盏灯。比如正面光通常用于表现深沉、稳重的人像，侧光常用于突出人物的线条，而逆光则常用于表现人物的形体造型或头发（即发丝光）。此时，人物宜着深色服装，以与整体的影调相协调。

在拍摄时，还要注重运用局部高光，如照亮面部或身体局部的高光，以及眼神光等，以其少量白色或浅色、亮色，在画面中加入浅色、亮色的陪体，如饰品、包、衣服或花等，避免低调画面灰暗无神，使画面在总体的深暗色氛围下生机勃勃。

↑ 用暗色作为背景，借助灯光使人物与背景的亮度有很大的反差，从而形成低调感很强的画面效果（焦距：22mm ｜光圈：F4 ｜快门速度：1/160s ｜感光度：ISO640）

中间调画面是最具真实感的人像画面

中间调是指画面没有明显的黑白之分，明暗反差适中的画面影调。中间调层次丰富，适用于表现质感、色彩等细节，画面效果真实自然。其影调构成的特点是，画面既不过于明亮，也不过于深暗。通常情况下，拍摄的人像照片大多属于这种影调。

中间调是最常见、应用最广泛的一种影调形式，也是最简单的一种影调，只要保证环境光线正常，并设置好合适的曝光参数即可。

➡ 由于没有明显的明暗反差，运用中间调表现的人物画面给观者一种真实、平和的感觉。画面中无论是人物服装还是背景的色彩均能得到良好的表达（焦距：200mm ┆光圈：F2.8 ┆快门速度：1/640s ┆感光度：ISO100）

高调画面表现女性的柔美

高调人像的画面影调以亮调为主，暗调部分所占比例非常少，较常用于女性或儿童人像照片，且多用于偏艺术化的视觉表现。

在拍摄高调人像时，人物应身着白色或其他浅色服装，背景也应该选择浅色，并在顺光的环境下拍摄，以利于更好地表现画面。在阴天时，环境以散射光为主，此时先使用光圈优先模式（Av挡）对人物进行测光，然后再切换至手动模式（M挡）降低快门速度以提高画面的曝光量，也可以根据实际情况，在光圈优先模式（Av挡）下适当地增加曝光补偿的数值，以提亮整幅画面。

为了消除高调画面的苍白无力感，要在画面中适当保留少量有力度的深色、黑色或艳色，如鞋、包或花等。

➡ 拍摄时增加了曝光补偿，得到高调效果的画面，浅色背景使女孩的一头长发非常突出，也活跃了画面气氛（焦距：45mm ┆光圈：F2.5 ┆快门速度：1/250s ┆感光度：ISO100）

利用斑驳的光影拍摄有年代感的照片

在树荫下拍摄时，很容易出现斑驳的树影。一般情况下，我们会选择避开这些影子，因为如果斑驳的树影正好映在人物脸上的话，不但会影响画面效果，还会破坏人物形象。

如果合理利用这些树影则会呈现很好的效果，光线透过树枝、树叶在画面上留下斑斑的光点，极易形成非常具有年代感的画面，不仅如此，这些斑驳的树影还可以增强现场感，使画面更和谐、自然。拍摄时只需注意引导模特脸部避开树影的地方即可。

此外，为了给画面营造古老沧桑的感觉，可以通过改变白平衡设置，使画面呈现微微泛黄的暖色调。

↑ 身穿旗袍的少女走在石板路上，背景被斑驳树影渲染的陈旧建筑，昏黄的色调使观者仿佛穿越了时光（焦距：50mm ┆光圈：F5.6 ┆快门速度：1/320s ┆感光度：ISO100）

↑ 光线透过长廊的柱子在地上留下斑驳的光影，画面有种怀旧的气氛（焦距：135mm ┆光圈：F3.5 ┆快门速度：1/125s ┆感光度：ISO100）

第 7 章

建筑与夜景题材实拍技巧

利用前侧光突出建筑物分明的层次

利用前侧光拍摄建筑时，由于光线的原因，画面中会产生阴影或者投影，呈现出明显的明暗对比，有利于体现建筑的立体感与空间感。在这种光线条件下，画面可以产生比较完美的艺术效果，拍摄者可以利用更多的空间来实现各种创作意图。

用侧光拍摄建筑时，为了不丢失亮部细节，常常对亮部进行点测光，这样暗部区域的亮度会进一步降低，此时需要注意光比的控制和细节的记录。

➡️ 前侧光角度拍摄的建筑不仅画面明亮，还可以很好地表现出其结构特点（焦距：30mm ¦光圈：F13 ¦快门速度：1/800s ¦感光度：ISO200）

通过强光比突出建筑的立体造型

在强光条件下拍摄建筑时，由于有很强的光影照射，对建筑立体感方面的表现效果非常明显，所以拍摄的画面层次虽然谈不上丰富，但优点在于立体感觉强烈，对于表现外形结构简单、线条硬朗的建筑尤为适合。

另外，这种光线对于建筑物色彩的还原也很好，可以真实地再现建筑物的原来面貌。

↑ 强光照射下拍摄的建筑，不仅画面影调明朗，厚重的阴影也使建筑看起来很有立体感（焦距：30mm ¦光圈：F10 ¦快门速度：1/800s ¦感光度：ISO100）

利用逆光拍摄建筑物剪影

无论是现代的标志建筑物还是古代的标志建筑物，其外在的美感都是建筑设计师追求的目标，这些建筑物大都拥有漂亮的外部造型，白天游览能够看到其外部精美的细节，而黄昏时分则能够在略带神秘感的同时，观赏到其优美的轮廓线条。

如果要在傍晚拍摄建筑物的轮廓，建议选取逆光角度进行拍摄，即可拍摄到漂亮的建筑物剪影效果。在拍摄时，只需针对天空中的亮处进行测光，建筑物就会由于曝光不足，而呈现出黑色的剪影效果。如果按此方法得到的是半剪影效果，可以通过降低曝光补偿使暗处更暗，建筑物的轮廓外形更明显。拍摄时切记不要使画面中只有建筑物轮廓线条，还应该将天空中微微显露的月亮、周围的树或人等环境因素安排在画面中。

如果在拍摄时遇到结构复杂多样的建筑物，拍摄者可以选用逆光剪影的形式来表现它们的结构形态。另外，逆光剪影还可以用来表现众所周知的标志性建筑，如悉尼大剧院、中国古建筑和泰姬陵等这些既有名气又有特点的建筑。

➡ 逆光表现建筑时，对准太阳附近的中灰部测光，即可得到漂亮的剪影效果（焦距：45mm ┊ 光圈：F10 ┊ 快门速度：1/1250s ┊ 感光度：ISO100）

利用斑驳的光影交错拍摄历史遗迹

斑驳的光影有利于凸显历史的沧桑感与时空感，对于那些历史悠久的古迹，如兵马俑、圆明园、长城、故宫、敦煌、莫高窟和少林寺等，如果在拍摄时能寻找到这样的光线，将会拍出感染力极强的画面。

➡ 斑驳的光线照在墙壁上的盘龙雕像上，不仅使其看起来更加立体，还为其增添了岁月的痕迹（焦距：90mm ┊ 光圈：F11 ┊ 快门速度：1/250s ┊ 感光度：ISO400）

降低曝光补偿表现建筑的久远感

　　久远的建筑物总是承载着很多的风霜和故事，也是摄影师喜欢表现的题材之一。在拍摄比较久远的建筑物时，为了突出历史的沧桑感，可利用侧光来表现，形成的明暗对比，易于表现建筑物历经风霜后的粗糙质感，还可呈现出其洗尽铅华后的独特细节，而曝光过度或曝光不足都会使所拍摄的古代建筑失去悠远的质感呈现。

➡ 夕阳时分拍摄建筑，应减少曝光补偿压暗画面，可为建筑增添几分岁月的厚重感（焦距：17mm │光圈：F13 │快门速度：1/50s │感光度：ISO100）

利用黄昏光线表现建筑的沧桑感

　　黄昏下的光线较为柔和，低角度的光线可以使建筑的影子被拉长，而且黄昏光线的色温都比较低，暖融融的影调效果总能给人以愉悦的视觉感受，用这种光线拍摄出的古建筑，仿如一位历尽风霜的老人，沐浴在夕阳的余晖下诉说着他曾经的辉煌历史。

　　拍摄时，建议使用逆光，将建筑处理成剪影或半剪影效果，使画面在略带神秘感的情况下，观赏到其优美的轮廓线条及历经沧桑的时代感。

⬅ 低角度拍摄黄昏后的残破建筑，利用暗调表现残破的建筑，整个画面被渲染得很有沧桑感（焦距：90mm │光圈：F13 │快门速度：1/100s │感光度：ISO100）

阴天拍摄避免画面灰暗

　　在阴天拍摄建筑时，设置不当容易使画面呈现灰色调而缺乏色彩。在阴天环境下，由于是散射光，没有明显的光的朝向，带来的好处是，不用担心因选错光线照射方向而使照片出现问题。

　　主要保证画面色彩不灰暗就可以了，在拍摄时可以将白平衡设置为阴影模式，来营造出一种温暖的质感，阴天的光量一般比较少，可以提高 ISO 感光度，以确保画面的曝光，以及在手持拍摄时避免因低速快门而造成画面模糊。拍摄较为明亮的建筑物，可以适当地增加曝光补偿，使画面明亮且柔和，如果是拍摄较深颜色的建筑物，可以使用点测光模式，对准建筑物测光，然后适当减少曝光补偿，让整体氛围显得沉稳大气。

↑ 画面中的建筑比较深，可以适当减少曝光补偿，使画面呈现出稳重感（焦距：24mm ┊ 光圈：F10 ┊ 快门速度：1/50s ┊ 感光度：ISO100）

拍摄夜景的参考设置

最佳拍摄时机

拍摄夜景时，为了让画面有较好的观感，一般从日落、黄昏时分开始拍摄，这样可以让天空的色彩点缀画面，如果等蓝色时刻过后才拍摄，天空就会完全黑下来，画面中的天空部分会变得单调。

蓝色时刻也是夜景摄影中最重要的时间段，同时也非常短暂，不同方向算在一起，只有日落后 20 分钟到 70 分钟之间的这 50 分钟。如果是同一方向，持续时间只有 30 分钟左右。肉眼看上去，此时的天空虽然已经呈现暗黑色，但经过慢门拍摄后，天空将呈现迷人的宝石蓝色，既不失夜景的氛围，又让天空出现不少细节。

拍摄夜景的曝光技巧

拍摄城市夜景时，由于场景的明暗差异很大。因此，为了获得更精确的测光数据，通常应该选择中央重点测光或点测光模式，然后选择比画面中最亮区域略弱一些的区域进行测光，以保证高光区域能够得到足够的曝光。在必要的情况下，应该做 -0.3EV 到 -1EV 挡曝光补偿，以使拍摄出来的照片能够表现出深沉的夜色。白平衡模式则需要边拍边测，不同的白平衡模式可以营造出不同的画面氛围，比较出彩的是"阴天"模式，可以让路灯和建筑物的灯光呈现温暖的气氛，将照片风格设为"风景"模式，可以营造出高饱和度的画面色彩效果。

拍摄夜景时，由于曝光时间通常较长，因此一定要使用三脚架，必要的情况下还应该使用快门线或自拍功能，以最大限度地确保画面的清晰度。

↑ 蓝调时刻拍摄的城市夜景，其天空呈现深邃的蓝色，相比一片死黑，更具视觉美感（焦距：14mm ┊ 光圈：F9 ┊ 快门速度：5s ┊ 感光度：ISO320）

长时间曝光拍出车流光轨

在城市中，通过长时间曝光记录来来往往的车流，可以形成漂亮的光轨效果，这也是很多人非常喜欢的一种夜景拍摄题材。

在拍摄时，建议采用快门优先模式，当快门速度过低导致曝光过度时，相机会给予提示。另外，使用 B 门模式可以自定义控制曝光时间，从而具有更大的曝光控制自由度，在拍摄时，按下快门便可进行曝光，释放快门后即完成曝光。要想切换至 B 门模式，可以在手动模式下将快门速度调低至 30s，然后再调低快门即可。一些中高端的相机在模式转盘上可以直接选择 B 门模式。

↑ 采用曲线构图记录车流轨迹，不仅可引导观者的视线，还增加了画面的美感（焦距：30mm ┆ 光圈：F5.6 ┆ 快门速度：20s ┆ 感光度：ISO100）

长时间曝光拍出奇幻的星星轨迹

可以通过长时间曝光来留下星星运动的轨迹。从地球上观察，所有的星星都是围绕着北极星旋转的，所以应把相机对准北极星的方位来拍摄。把相机的快门调至 B 门，设置 0.5~2 小时的长时间曝光，这样就可以使星星的光点变成长长的弧状线条，清晰可见，画面中充满了神秘的气息和浪漫的色彩。

拍摄星轨通常可以用两种方法，第一种方法是通过长时间曝光前期拍摄，即拍摄时用 B 门进行摄影，拍摄时通常要曝光半小时甚至几个小时；第二种方法是使用延时摄影的手法进行拍摄，拍摄时通过设置定时快门线，使相机在长达几小时的时间内，每隔 1 秒或几秒拍摄一张照片，完成拍摄后，在 Photoshop 中利用堆栈技术，将这些照片合成为一张星轨迹照片。

目前第二种方法比较流行，因为使用这种拍摄手法不用担心相机在拍摄过程中断电，即使断电只需要换上新电池继续拍摄即可，对后期合成效果影响不大。另外，由于每一张照片曝光时间短，因此照片的噪点比较少，画质纯净。

1. 前期准备

首先，要有一台单反或微单相机（全画幅相机拥有较好的高感控噪能力，画质会比较好），一个大光圈的广角、超广角又或者鱼眼镜头，还可以是长焦或中焦镜头（拍摄雪山星空特写），快门线，相机电池若干，稳定的三脚架，闪光灯（非必备），可调光手电筒，御寒防水衣物，高热量食物，手套，帐篷，睡袋，防潮垫，以及良好的身体。

↑ 表现星星轨迹的画面，可将地面景物也纳入画面中来丰富画面（焦距：17mm ┊ 光圈：F8 ┊ 快门速度：2140s ┊ 感光度：ISO800）

2. 镜头的准备

超广角焦段：以 14~24mm 和 16~35mm 这个焦段为代表，这个焦段能最大限度地在单张照片内纳入更多的星空，尤其是夏季银河（蟹状星云带）。14mm 的单张竖拍星空，即使在没有非常准确对准北极星的时候，也能拍到同心圆，便于构图。

广角焦段：以 24~35mm 这个焦段为代表，虽然不能像超广角镜头那样纳入那么多的星空，但由于拥有 F1.4 大光圈的定焦镜头，加之较小的畸变，这个焦段拍摄的画面很适合做全景拼接。

鱼眼：鱼眼镜头的焦距通常为 16mm 或更短，视觉接近或等于 180°，是一种极端的广角镜头。利用鱼眼镜头可很好地表现出银河的弧度，使得画面充满趣味性。

3. 拍摄技巧

对焦时，由于星光比较微弱而不容易对焦，此时建议使用手动对焦的方式，至于能否准确对焦，则需要反复拧动对焦环进行查看和验证了。如果只有细微误差，通过设置较小的光圈并使用广角端进行拍摄，可以在一定程度上避免这个问题。

由于拍摄星轨需要长时间曝光，曝光要 0.5 ~ 2 小时不等，因此如果气温较低，相机应该有充足的电量，因为在温度较低的环境下拍摄，相机的电量下降相当快。

长时间曝光时，相机的稳定性是第一位的，因此稳固的三脚架是必备的。拍摄时将光圈设置到 F5.6~F8，以保证得到较清晰的星光轨迹。为了较自由地控制曝光时间，拍摄时多选用 B 门进行拍摄，而配合使用带有 B 门快门释放锁的快门线则让拍摄变得更加轻松且准确。

在构图方面，为了避免画面过于单调，可以将地面之景物与星星同时摄入，使作品更加生动活泼，如果地面的景物没有光照，可以采用使用闪光灯人工补光的操作方法。

↑ 利用延时摄影进行拍摄，经过后期合成奇幻的星轨，这种拍摄方式得到的画面会比较精细